环保进行时丛书

消费也可以环保

XIAOFEI YE KEYI HUANBAO

主编：张海君

花山文艺出版社
河北·石家庄

图书在版编目（CIP）数据

消费也可以环保 / 张海君主编. —石家庄 ：花山文艺出版社，2013.4（2022.3重印）
（环保进行时丛书）
ISBN 978-7-5511-0944-4

Ⅰ.①消… Ⅱ.①张… Ⅲ.①消费方式－关系－环境保护－青年读物②消费方式－关系－环境保护－少年读物 Ⅳ.①X-49②C913.3-49

中国版本图书馆CIP数据核字(2013)第081369号

丛 书 名：环保进行时丛书
书　　名：消费也可以环保
主　　编：张海君

责任编辑：梁东方
封面设计：慧敏书装
美术编辑：胡彤亮
出版发行：花山文艺出版社（邮政编码：050061）
（河北省石家庄市友谊北大街 330号）
销售热线：0311-88643221
传　　真：0311-88643234
印　　刷：北京一鑫印务有限责任公司
经　　销：新华书店
开　　本：880×1230　1/16
印　　张：10
字　　数：160千字
版　　次：2013年5月第1版
2022年3月第2次印刷
书　　号：ISBN 978-7-5511-0944-4
定　　价：38.00元

目　录

第一章　低碳消费，让生活更绿色

第二章　衣饰消费我低碳

第三章　饮食消费我低碳

第四章　家居消费我低碳

第五章　出行消费我低碳

第六章　低碳消费的另一种形式——省钱

第一章

低碳消费，让生活更绿色

一、绿色生活

绿色是生命的原色。从人类为了生存栽培植物开始，绿色就代表了生命、健康、活力和对美好未来的追求。哪里有绿色，哪里就有生命。在这种语境里，绿色是一个特定的形象用语，它不仅指绿颜色或是有生命的植物，而是指一种自然万物和谐共存的生态环境及其保护、维护和改善。依据“红色”禁止、“黄色”警告、“绿色”通行的惯例，以“绿色”表示合乎科学性、规范性、规律性，能永久保持通行无阻的含义。

绿色生活的概念

绿色生活是一种没有污染、节约资源和能源、对环境友好健康的生活，是和谐社会的重要内容。绿色生活必须符合下面三个条件。

第一，消费者的生活环境和所消费的资料对健康是有益的或无害的。包括居住环境的空气质量良好，饮用水卫生，食物没有被污染，不食用变质、过期限期的食品；服装没有使用对人体健康有害的染料和其他材料，所使用的化妆品和生活用品不对人体构成危害；生活空间的电磁污染在国家规定的标准以下，房间不散发对人体健康有害的气体，不使用具有较强放射性的建筑材料；远离毒品，不抽烟，不酗酒等。

绿色是生命的原色

第二，消费者在工作、生活中注意节约资源和能源。人们在日常生活、生产工作以及教育、文化、社交、休闲等各方面都要消费或使用各种有形和无形的物品，这些物品从根本上来说都是来自于自然界的资源。而自然界的资源特别是不可再生资源并不是取之不尽用之不竭的，因此在生活中要注意节约。我们在生活中节约一点资源就等于为保护大自然、保护环境做出了一份贡献。比如，人类为了生存和提高生活质量，一天也不能离开食物，并且对饮食的要求越来越高，然而我们正面临着一个重大问题：世界人口在不断增加，但地球所能提供的食物资源并不是无限的，同时食物生产要使用农药、化肥，进而会污染土壤、水源和空气，因而节约不仅少用了资源，也减少了对环境的污染。不管是消费品的生产，还是人们的衣食住行，都需要消耗一定的能源，而许多能量的生产，特别是火力发电，不仅要使用大自然的矿藏资源，还会对环境造成污染，所以杜绝浪费，节约能源，是保护环境的一项实际行动。

第三，消费者所使用的物品对环境是友好的。这里包括两个方面：一是使用的物品所消耗的原材料和能源较少；二是该物品在生产、使用、废弃之后对环境不造成损害，或把损害减少到了最小的程度。例如，我们买东西时不使用塑料袋，特别是不使用既轻又薄的一次性塑料袋，而是使用可反复使用的布袋子，这样在减少塑料袋生产的同时，也降低了废弃塑料袋对环境的污染；外出吃饭时，不使用一次性筷子，因为一次性筷子的消费量越大，所砍伐的森林就越多。森林是环境的守护神，爱护森林就是保护环境，所以，拒绝一次性筷子也是对环境的友好表现。

拒绝一次性筷子宣传画

绿色生活体现代内公平和代际公平

“代内公平”和“代际公平”是可持续发展原则的重要内容。代内公平是指同一代人，不论国籍、种族、性别、经济水平和文化差异，在要求良好生活环境和利用自然资源方面都享有平等的权利。代内公平比较容易得到认可。代际公平主要是指当代人为后代人类的利益保存自然资源的需求，人类作为自然界中最高等的物种，对自身物种的生存和发展负有不可推卸的责任。代际公平中有一个重要的“托管”的概念，认为人类每一代人都是后代人类的受托人，在后代人的委托之下，当代人有责任保护地球环境并将它完好地交给后代人。交给下一代的地球应当保存着自然和文化资源的多样性，保质保量地保留前代遗产。每代人都拥有平等接触和使用前代人遗产的权利，并应承担起为后代人保存这项接触和使用权利的义务。作为可持续发展原则的一个重要部分，代际公平在国际法领域已经被广泛接受，并在很多国际条约中得到了直接或间接的认可。绿色生活的观念也就是对当代成员和后代平等享受地球资源和环境权利的尊重。

绿色创造和谐社会与小康生活

社会进步除了表现在政治、经济、道德等方面外，还有一个很重要的方面就是环境改善，这是促进社会进步的原动力之一。可以设想，如果经济高度发达，人民口袋里有了充裕的金钱，住上了宽敞舒适的新房，但周围环境却十分脏乱，空气污浊，没有安全的饮用水，这样的社会就称不上是先进的社会，也就无法为经济发展提供再生产的条件。我国改革开放以来，各领域都发生了翻天覆地的变化，人均GDP也超过了1000美元的中等发展社会的标准，一些沿海发达地区GDP水平甚至更高。在这样的条件

倡导绿色生活

下，中央提出了奔小康生活、创造和谐社会的目标。只有倡导绿色生活，才能构建和谐社会，实现小康目标。

首先，绿色生活有利于人们健康的生活。若人类健康得不到足够的保障——吃的是带有超标农药残留的食物，穿的是透气性极差的衣物，住的是空气中甲醛含量超标的房子……生产力要素之一的劳动力就无法安心工作和生活，人的创造力将大打折扣，当然生活也就不会和谐。

其次，绿色生活有利于改善环境的生活。以污染环境、破坏环境为代价的生活是绿色生活方式下所要极力避免的。绿色生活要求人们优先选购绿色产品，选用无磷洗衣粉，使用无氟制品，选择绿色包装；用布袋或可降解塑料袋购物；不乱扔废弃物，回收废旧电池，避免旅游污染；使用清洁燃料，减少尾气排放等，只有这样才能在清洁的环境中生活，才能奏响和谐的音符。

再次，绿色生活是有利于节约的生活。高消耗的生活不是绿色生活。绿色生活要求人们降低消耗、厉行节约；简装房屋；少用或拒绝使用一次性用品；少开车，多坐公交车或多骑自行车；双面用纸，使用再生纸等，节约资源和能源，为后代发展留下资源，逐步实现小康生活目标。

绿色生活体现了公平、文明、进步的要求，符合道德规范，在人与自然高度和谐的空间里人与人的关系也能达到融洽和谐；人们谦虚礼让，尊老爱幼；人们遵纪守法，克己奉公；人们管住自己的一张嘴，不食、不猎野生动物，保护动物，珍爱生灵，从而在人与自然的和谐中，使社会得以可持续发展。只有绿色生活才会真正造福于人类自己！

自行车出行是低碳出行的好选择

二、绿色产品

所谓绿色产品，是指那些在生产和使用以及用过之后处理的整个过程中对环境的破坏和影响都比较小的产品。绿色产品要求在生产、使用及处理过程中达到环保规定，对环境无害或危害极小，利于资源再生和回收利用。从技术创新、产品设计、生产到包装的全过程着手，开发节约资源且减少乃至防止污染、破坏环境的绿色产品，已成为时代的需求。

绿色产品与一般传统产品的不同

绿色产品与一般产品比较，其特性主要表现为两方面：该产品的制造、运输、消费及回收处理等过程对环境的负影响极小甚至等于零；消费者在消费该产品过程中及消费后对自身的健康不会产生负影响，因而也具有保障消费安全的作用。传统产品与绿色产品在消费者的使用过程中，其基本功能或者基本效用是相等的。所不同的是，绿色产品会带给消费者一些传统产品所不能产生的效用：通过使用绿色产品更能满足自身和他人安全的需要，不用担心使用产品会给消费者乃至社会产生不安全的影响；通过使用绿色产品也能让消费者产生自豪感及心理上的满足——承担了一定的社会责任，即通过消费绿色产品来保护环境而得到社会的认可。

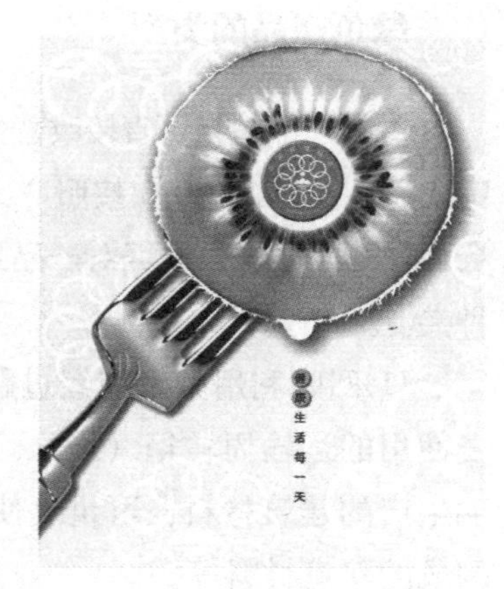
绿色产品

绿色产品品质及特征

绿色产品比仅以满足社会公众的物质与文化生活需要而生产的一般产

品更符合保护人类生态环境和社会环境的要求。绿色产品与传统产品的根本区别在于其改善环境和社会生活品质的功能。因而，绿色产品除具有传统产品的优良品质外，还应具备独特的绿色品质。表现特征如下。

(1) 无害环境。即产品从生产到使用乃至废弃都对环境无害或危害很小。

(2) 有效利用资源。绿色产品应尽量减少材料的使用种类和数量，特别是稀有贵重材料及有毒有害材料；在满足基本功能的条件下，尽量简化产品结构，并尽可能地使材料得到最大限度的重复利用。

(3) 有效利用能源。绿色产品在其生命周期全过程中应充分有效地利用能源，尽量减少能源消耗。

绿色产品的类型

绿色产品包括可直接改善生态环境的产品及可减少对人类社会和环境的实际或潜在损害的产品。按照“比一般同类产品更加符合保护人类生态环境和社会环境”的要求，根据对产品生命周期各个环节的分析，绿色产品主要包括7种类型。

(1)回收利用型。如经过翻新的轮胎、回收的玻璃容器、再生纸、可重复使用的运输周转箱（袋）、用再生塑料和废橡胶生产的产品、用再生玻璃生产的建筑材料、可重复使用的磁带盒和可再装的磁带盘、用再生石膏制成的建筑材料等。

太阳能热水器是节能型产品

(2)低毒低害物质。低污染油漆和涂料、粉末涂料、锌空气电池、不含农药的室内驱虫剂、不含汞和硝的锂电池、低污染灭火剂等。

(3)低排放型。低排放雾化油燃烧炉、低排放燃气焚烧炉、低污染节能型燃气凝汽式锅炉、低排放少废物的印刷机等。

(4)低噪声型。低噪声割草机、低噪声摩托车、低噪声建筑机械、低噪声混合粉碎机、低噪声的城市汽车。

(5)节水型。节水型冲洗槽、节水型水流控制器、节水型清洗机等。

(6)节能型。太阳能产品及机械表、高隔热型窗玻璃、燃气多段锅炉和循环水锅炉、节油节能汽车等。

(7)可生物降解型。以土壤营养物和调节剂制成的混合肥料、易生物降解的润滑油和润滑脂等。

绿色产品绿色化程度标准——绿色质量指标

绿色质量指能够改进或提高产品绿色化程度的产品质量。绿色质量标准有以下内容。

(1)能源效率。即产品应能节省能源的使用，如节能灯与普通白炽灯相比，节能灯节约能源约60%。

(2)资源效率。即产品应能减少资源的消耗，如新型洗衣粉将漂白、洗洁两种材料分开盛放，使洗衣者仅在衣物需要漂白时才投放漂白粉，从而节省了漂白材料，减少了对环境的污染。

(3)减少废弃物和污染。即材料的使用达到最大限度，例如汽车发动机装置电喷系统，可促进汽油的充分燃烧，减少废气排放。

(4)产品安全。即产品不应危及人体健康与安全，如食品含铅量、农药残留量应符合相关标准。

(5)产品生命长度。例如在客户使用较低档次电脑时，通过更换部分零部件使电脑档次提高，从而以低代价满足用户电脑升级的需要，这等于延长了电脑的生命长度。

(6)重复使用。重复使用是绿色

绿色产品奖标志

质量的重要指标之一，如充电电池可重复使用数百次，大大节省了物质材料，因而成为电池市场消费增长最快的产品。

(7)可再生性。例如纸张具有可再生性，因而成为替代塑料包装的绿色包装材料。

三、绿色消费

绿色消费，也称可持续消费，是指一种以适度节制消费、避免或减少对环境的破坏、崇尚自然和保护生态等为特征的新型消费行为和过程。符合“三E”和“三R”，即经济实惠(Economic)、生态效益（Ecological）、符合平等和人道(Equitable)，减少非必要的消费(Reduce)、重复使用(Reuse)和再生利用(Recycle)。绿色消费不仅包括购买和使用绿色产品，还包括废弃物资的回收利用，能源的有效使用，对生存环境和物种的保护等消耗物质和能量的过程。绿色消费已经得到国际社会的广泛认同。国际消费者联合会从1997年开始，连续开展了以“可持续发展和绿色消费”为主题的活动，中国国家环境保护总局等6个部门在1999年启动了以开辟绿色通道、培育绿色市场、提倡绿色消费为主要内容的“三绿工程”，中国消费者协会把2001年定为“绿色消费主题年”，日本于2001年4月颁布了《绿色采购法》。类似的活动正在全球兴起，推动着绿色消费进入更多人的生活。

绿色产品

绿色消费的具体含义

国际上公认的绿色消费有三层含义：一是倡导消费者在消费时选择未被污染或有助于公众健康的绿色产品；二是在消费过程中注重对废弃物的处理；三是引导消费者转变消费观念，崇尚自然，追求健康，在追求生活舒适的同时注重环保、节约资源和能源，实现可持续消费。

20世纪80年代后半期，英国掀起了“绿色消费者运动”，随后该运动席卷了欧美各国。这个运动主要就是号召消费者选购有益于环境的产品，从而促使生产者也转向制造有益于环境的产品。这是一种靠消费者来带动生产者，靠消费领域影响生产领域的环境保护运动。这一运动主要在发达国家兴起，许多发达国家的公民表示愿意在同等条件下或略贵条件下选择购买有益于环境保护的商品。

在英国1987年出版的《绿色消费者指南》中，将绿色消费具体定义为避免使用下列商品的消费：①危害到消费者和他人健康的商品；②在生产、使用和丢弃时，造成大量资源消耗的商品；③因过度包装而超过商品本身价值或过短的生命周期而造成不必要消费的商品；④使用出自稀有动物或自然资源的商品；⑤含有对动物残酷或不必要的剥夺而生产的商品；⑥对其他国家尤其是发展中国家有不利影响的商品。

归纳起来，绿色消费主要包括三方面的内容：消费无污染的物品；消费过程中不污染环境；自觉抵制和不消费那些破坏环境或大量浪费资源的商品等。

绿色消费观的兴起

随着绿色市场的兴起和发展，绿色商品越来越多地受到消费者的青睐，一种新型的绿色消费观现已逐步形成。绿色消费观更新了人们以往只关心个人利益，尤其是经济利益，很少关心社会生活环境利益的传统消费观，将消费利益和保护人类生存环境的利益结合在一起，认为以牺牲环境为代价换取消费利益是不可取的，从而抵制购买和消费那种在生产和消

树立绿色消费观

费过程中产生环境污染的商品。当人们在购买一切商品都乐于选购绿色产品时，这就表明人们的消费观已升华到关心人类生存环境的新阶段。绿色消费观的普及必将反馈到商品的生产领域，迫使其采用生态技术和净化工艺生产绿色产品，只有这样生产者才能在市场竞争中立足，这对改善人类的生存环境无疑是十分有利的。此外，绿色消费观又是一种现代消费观，只有当社会的生产水平和生活水平发展到相当高的水平时，才可能实现绿色消费。

绿色消费需求

席卷全球的绿色消费从食物消费开始，逐渐渗透至人类生活消费的诸多方面。由消费领域起源，反溯至人类的生产活动，由人们的正常生活消费波及至生产消费。

不久前，由中国经济规律研究会消费专业委员会、首都经贸大学、《消费日报》社等单位联合推出的《中国市场消费报告》就明确提出：新的世纪主题是环境保护。绿色消费已经渐渐成为中国消费的主旋律。从吃穿住用行的角度看，目前的绿色消费品大体可分为绿色食品和药品、生态服装、生态住宅、生态用品和生态旅游等。这些产品从生产、消费到废弃的全过程都符合环保要求，其中不仅有人们的生存资料，而且还涵盖了一些享受资料和发展资料。绿色消费浪潮还波及家居布置、家具、家庭用品、文化娱乐等各个生活领域，甚至绿色管理、生态设计、绿色采购、生态产业链等生产领域。

绿色生活消费

随着全球绿色消费意识的加强，绿色生活消费需求已成为新的消费时尚。据美国工业界专家估计，美国目前绿色产品占总产品的比例大约为5%～10%；美国1990年就有6000种绿色产品。早在1989年，英国一家公司对美国所做的调查表明：53%的受访者曾因担心产品或包装对环境造成污染而拒绝购买某种产品；75%的受访者表示，若产品或其包装可回收或分解，他们的购买意愿将会提高，且愿意支付较高的价格。日本的一项调查表明：90%以上的东京市民认为消费者应认真对待环境问题，厂家不应该生产有害于环境的产品。要做到真正的绿色消费，还必须建立现代的适度消费观念，消费水平必须同自然资源和社会经济发展水平相适应，要在其许可的范围内，而不能任意超越，否则仍不是真正的绿色消费。

四、从生产到消费

绿色生产

绿色消费将引起生产领域的彻底革命。全球的绿色消费需求引起了世界各国生产管理者观念的更新，生产者不理会环境的时代已经过去。为了满足消费者的绿色消费需要，他们必须摈弃传

绿色生产

统的生产观，改变传统生产模式，开发新的绿色产品。从原材料的选用开始，实现清洁生产；在包装、运输、销售甚至使用后回收的全部环节建立责任体系。为了赢得消费者的青睐，必须树立生产者和产品的环保形象。

绿色市场

绿色市场是指专门销售那些绿色产品的市场。在国外，许多超市和百货公司开设了生态柜台。消费者在购买商品时，已开始关心是否是绿色产品。目前，也有越来越多的生产厂家积极采用清洁生产、净化工艺制造绿色产品，以提高产品在市场上的竞争力。首先进入绿色市场的包括来自天然产地的或少使用化学农药、不含有毒有害化学品的绿色食品，不含有化学物质只含有益生物物质的绿色化妆品，以及制冷剂不使用氟利昂的无氟冰箱，还有能降解不会造成环境污染的一次性塑料包装和农用塑料膜等多种多样的绿色产品。绿色市场的产生和发展反映了人们在消费领域当中环境保护意识的觉醒。

绿色消费

中国消费者协会经过调查分析发现，目前国内消费领域存在以下涉及健康安全的问题。

第一，食品遭遇各种污染。表现为追求利润和缩短生长周期而滥用生长素和农药化肥等。

第二，由于生活节奏加快等原因形成的不健康饮食方式。常吃快餐或以快餐代替正餐等不利于健康的饮食。快餐食品大多含高热量、高脂肪、高蛋白质，西式快餐更是如此。长期食用将使人体内过多蓄积脂肪而发胖，降低胰岛素敏感性，增加患糖尿病的危险，此外，烟酒过度也对身体健康构成威胁。

第三，日常生活中长期使用高效的人工合成化学品会对身体造成严重伤害。一些家用人工合成化学品中含有的有害物质对人体的影响是长期而缓慢的，长期过量使用清洁剂等化学品，会损伤人的神经中枢系统，使人的智力发育受阻。

第四，家庭装饰材料中化学污染严重，如今家庭居室装修越来越豪华、高档，但家装污染问题也日益突出，研究表明建筑装饰材料包括各种涂料、油漆、塑料及各种黏合剂挥发的有毒气体多达五百多种。

绿色食品生产基地

第五，一些厂家故意隐瞒产品所含的有害成分，使消费者在不知不觉中大量接触有毒物质，健康权益受到侵害。

有鉴于此，中国消费者协会特发出郑重警示：绿色消费最健康，并提醒消费者树立可持续的绿色消费观念，选择绿色食品，培养健康饮食习惯，选择绿色生活用品、绿色家居用品和绿色居室装修，科学理智、健康安全地消费。

 五、走出绿色消费的误区

绿色生活是新世纪的时尚，它体现着一个人的文明与素养。每个人

都应当选择有利于环境保护的生活方式——绿色消费来实现绿色生活。但是，究竟怎么消费才是绿色呢？这个问题并非每个人都清楚，甚至有些所谓的绿色消费实际上走向了相反的方向。

绿色消费并非“消费（消耗）绿色”简单地以为绿色消费就是吃天然食品、穿天然原料的服装、用天然材料装饰房间、到原始森林旅游等，这就形成了一个误区——将绿色消费变成了“消耗绿色”。有的人非绿色食品不吃，非绿色产品不用，家居装修时非绿色建材不用，且相互攀比，要多奢侈有多奢侈。我国目前的旅游消费很红火，为了吸引游客，各路“神仙”纷纷树起了生态旅游的大旗，但真正懂得生态旅游的游客和景区管理者少之又少。在人们看来，生态旅游就是游玩“生态”，越人迹罕至的地方越好。一些风景区管理者借生态旅游之名，在自然景观中滥建人工建筑，修建公路，破坏了景区的自然环境。许多导游没有受过专业训练，不能把地质地貌的形成、动植物的分布及保护生态系统的意义等讲解给游客，根本达不到让游客认识自然、增强环保意识的目的。旅游者更是以为走进封闭的保护区就是生态旅游，随手扔垃圾、乱写乱画、乱踩乱踏，一个风景地开放之后，常常垃圾满地，面目全非。这样的旅游其实是在糟蹋生态、消耗生态。这些所谓的绿色消费行为只是从自身的利益和健康出发，而并不考虑对共有环境的保护，违背了绿色消费的初衷。

绿色消费实现绿色生活

天然并非绝对安全、纯粹。很多消费者一听到绿色消费这个名词时，很容易把它与天然联系起来，要吃天然的，穿天然的，用天然的，玩天然的。天然的就是安全的，就是好的，野生动植物照吃不误、珍稀动物也不放过，用被保护动物的皮毛做衣饰。其实，很多天然野生动植物身上携带的细菌和病毒很容易感染消费者。2003年的SARS疫情至今让人记忆犹新，据专家分析其病毒极有可能就来源于某野生动物并在其与人接触、被人食用后蔓延开来。

绿色并不仅是自己享受天然，如果沿着“天然就是绿色”，让自己尽情享受的路走下去，结果将是非常可怕的。比如：羊绒衫的大肆流行，掀起了山羊养殖热，而山羊对植被的破坏力大得惊人，因此给生态造成了巨大的破坏。

因此，消费者要转变消费观念，在追求舒适生活的同时，注重环境和生态的保护，使之不仅保证我们这一代人的消费需求和安全健康，还要满足后人的消费需求和安全健康，从而走出绿色消费的误区。

绿色消费必须以保护绿色为出发点。绿色的真正含义在于给每一个人的身体健康提供更大更好的保护，使舒适度进一步提高，对环境影响有更多的改善。绿色消费不是消费绿色，而是保留绿色，让更多的人分享绿色。尼泊尔是生态旅游搞得比较成功的国家，旅游部门对景区的环境保护非常重视。旅游者在进入风景区以前，随身携带的可丢弃的食品包装必须进行重量核定，如果旅游者背回来的垃圾没有这么多，会被罚款。每个游客只允许携带一个瓶装水或可以再次装水的瓶子，而在山上，瓶装水是不准许出售的，如果你需要水，有专门的地点出售开水，提供为你的空瓶子重新灌水的服务，这和我们的有些风景区到处都是小卖部相比要绿色得多。

绿色消费摈弃浮华，反对攀比和炫耀。随着生产力的发展和社会的进步，人的消费动机日益呈现出多元化的趋势，这本不是坏事，但是在日常生活中，不少人热衷于相互攀比，追求奢侈豪华，以示炫耀。他们的很多消费不是出于自己的生存需要，而是想超过别人，炫耀自己的社会地位和

经济实力。他们竞相追逐新鲜的、奇特的、高档的、名牌的商品，其行为可谓醉翁之意不在酒，而在于那些商品的社会象征意义。由此容易形成浮华的世风，刺激人们超前消费和过度消费。

在中国，节俭是大多数人的日常行为规范；在国外，节俭消费也是源远流长，即使在过度消费盛行的工业化国家，节俭消费也没有被消费主义的狂潮所淹没。在环境问题日益严重的现代社会，实行节俭消费尤其必要。而过度消费不仅增加了资源索取和对环境的污染，而且助长了人的消费主义和享乐主义。工业化国家比较普遍地存在着过度消费，他们拥有的人口仅占世界人口的1/4，而二氧化碳的排放量却占全球总排放量的75%；全球消费的破坏臭氧层的受控物质中，工业化国家的消费量占86%；全球现有的有害废弃物也主要来自工业化国家，其产生数量占世界总量的90%。我国民间流行的婚丧大操大办、大吃大喝等现象也属于过度消费。这些行为既浪费资源，又没有给人民带来一种满意的生活，对人对己对环境都是弊大于利，应该加以抑制。与过度消费相比，节俭消费会减少资源索取和对环境的污染荷载，有利于环境保护；如果人们主动放弃多余的物质消费，对于充实精神生活、提高精神境界也是很有好处的。

绿色消费提倡节俭

保证身体健康，反对危害环境和身体健康是绿色消费的根本落脚点。因此，绿色消费主张不吸烟、少喝酒，主张食用绿色食品，不食用珍稀动物，少吃快餐，保障身体的健康。

六、消费行为造成的影响

消费行为会影响环境质量

进入环境后使环境的正常组成和性质发生改变，并直接或间接危害人类的物质叫污染物。直接影响环境质量的消费行为就是排放污染物。按受到影响的环境要素分为大气污染物、水体污染物和土壤污染物；按污染物形态分为气体污染物、液体污染物、固体污染物、电磁污染物、放射性污染物、光污染物、热污染物等；按污染物的学科分为化学污染物、物理污染物、生物污染物；按污染物在环境中的变化可分为一次（又叫原生）污染物、二次（又叫次生）污染物。此外，为强调污染物对人体某些方面的有害作用，还可划分出致畸物、致突变物、致癌物、可吸入颗粒物以及恶臭物质等。在消费行为对环境和生态的影响中这些污染物都存在，比如生活中的废水、垃圾，生产中的造纸废水、煤电厂含硫废气等。

消费行为影响生态平衡

消费行为还会影响生态平衡。自然界的空气、水、矿藏资源、动物、植物、微生物等所有自然界有机、无机因素及其每一个组分都处在一个互相影响的动态平衡关系网络上，人类的消费活动只要干扰了其中小小的环节，就可能引起多米诺骨牌效应，从而打破生态系统的平衡。比如，大量捕杀野生动物获取皮毛造成该物种的灭绝，该物种所在的食物链被打破，影响其他物种生存；酸雨使湖泊水体变酸，使大量水体物种死亡破坏湿地

生态平衡；人类消耗的化石燃料排放的温室气体使全球温度上升，气候变化使整个地球生物圈的生活受到影响。再比如，能源资源过度开采和消耗影响后代的生存和发展等。因此，每个地球上的人都不要轻视自己的消费行为，你对环境的影响就在一念之间，环境也在你的行为中发生着变化！

消费对生态的影响

第二章

衣饰消费我低碳

一、服装绿色消费成为国际潮流

西班牙时装设计中心以天然织物为面料设计的生态时装，把绿色和蓝色作为基本色调，象征广阔的田野、森林、蓝天和大海，花纹图案则模仿自然景观，如花鸟鱼虫的造型，以展示人与大自然的和谐。生态时装不仅可以提醒人们时刻关注周围的生态环境，而且有助于松弛神经、防止痛痒，使穿着者皮肤健美，心情舒畅。巴黎的时装已逐步退回到20世纪40年代，流行用天然织物制成上衣和束腰长裤，人们特别喜爱方格花布、斜纹粗布、卡其布及其他各种棉布。

香港地区的时装界推出了一系列的环保时装，特别是以有色棉花为原料织出的花布成了环保时装的绝佳面料，因为它不需印染加工，大大减少了污染。衣服上的金属配件如拉链、别针等都采用不锈合金制成，不需电镀，以避免产生大量的有害残留物，纽扣则采用玻璃纽扣和耶壳纽扣。丝绸服装自前数年风靡世界之后，经久不衰，越来越多的人认识到丝绸服装不仅穿着美观舒适，还有益于健康。

生态时装

阿根廷的科研人员研究用植物鞣革法生产皮鞋，加上采用天然色素和黏合剂，便可生产没有污染的绿色皮鞋。在目前的皮革和制鞋技术中，除了使用铬以外，还有其他污染环境的成分，如甲醛、乙酰胺、含苯胺色素、黏合剂、尼龙线和含镍金属饰物等，新的生产过程完全采用天然材料，以植物鞣革法生产鞋底和鞋面皮革，全部用棉线缝制，水制黏合剂和天然色素等。植物鞣革法使用的物质是从坚木和含羞草中提取出来的，这些物质是可以再生的，对它们合理砍伐不会毁坏森林。

“牛奶内衣裤”和水肤纤维。内衣是对材料要求最苛刻的服装，一种能和肌肤亲若一体的材料就是牛奶。许多女孩子都会对“用牛奶洗澡”这句话津津乐道，并且私下猜测这就是伊丽莎白•泰勒和奥黛丽•赫本等大明星永驻青春的奥秘，中国也有杨贵妃以及宋美龄用牛奶沐浴与护肤养颜的传说。用牛奶洗澡对普通人而言未免太过奢侈，不过用牛奶制成内衣裤，让女孩子们天天和牛奶肌肤相亲，已不再是非分之想。牛奶内衣裤使用（新西兰）牛奶，经过压缩，脱去水分，分解掉脂肪，将剩下的牛奶蛋白通过特殊工艺制成牛奶纤维，再纺织制成各式贴身衣物。由于是用百分之百牛奶纤维制成，含有丰富的蛋白质，因此穿着时轻盈柔软，透气性强，非常舒适，又便于洗涤，一晾即干，比一般内衣更耐用，而且破损丢弃后数天即可被虫蛀蚀消化，生产和使用过程都符合环保要求。这种牛奶服装自1994年起在日本和东南亚市场广为流行，近期又经香港进入广州、上海等市场，成为俊男靓女们又一新的消费时尚。水肤纤维的特点是在穿着5小时后，直接和水肤纤维接触的皮肤就会变得细白柔嫩、光滑有弹性。因此，水肤纤维在日本被认为是经济的可穿的化妆品。水肤纤维这种肌肤保湿纤维实际上是利用内衣接触人体的机会，在经过特殊处理的高弹棉布料中添加了护肤品——长效角鲨烷（常见的深海鱼油里富含这种物质）。角鲨烷是使肌肤柔嫩的关键，用它制成具有保湿、供氧、活化细胞作用的水肤纤维，不但具有不可思议的柔细触感，而且穿着水肤纤维3～5小时后，皮肤就会因角鲨烷的亲和、渗透性，使肌压倒渗出的汁水和油脂得到及时吸收并减少分泌量，使皮肤变得滑嫩而且更具有弹性。

绿色概念时装艺术。除了种种环保健康的面料外，近几年世界上还兴起了各种“垃场时装”热。1994年在日本大阪举行的时装节的开幕式上，一种以塑料瓶材料制成的聚酯纤维服装登台亮相。这套由日本资深设计师古川设计的名为“热爱地球”的时装得到了广泛好评，数十家跨国时装公司愿与古川联合开发并制作销售，以迎合消费者的环保体验需求。我国上海的东京化工设备公司也在去年开始将废弃的可乐、雪碧塑料瓶收集起来，经特殊加工后生产出毛花呢、毛巾绒线和无纺布等产品。1999年6月5日在上海外滩举行的“世界环境日”活动中，众多模特还身穿旧报纸等废品加工制作的服装登台亮相。

在关爱自然、关爱自己的世风下，流行、时髦也开始与环保同步。多个时装发布会上的服装在面料和色彩上都突出环保概念，使环保服装与生活紧密接触。时装店里的衣架上最多的颜色变成了米、棕、褐与黑、白、灰等天然色；设计师将很大一部分精力转到了粗布衣和宽松衫等休闲风格上；主流面料变成了尽管成型性不是很好却贴身的棉、麻、丝。时下的欧洲服装业认为“摩登加环保等于销售额”，这意味着环保概念服装也许将成为今后相当一段时间的时尚热点。

废品变时装

二、合理选择服装材质

服装是人体散热和保温的重要载体，这是服装的原始功能和基本功

能，因而服装面料的湿热传递性、舒适性、健康性非常重要。

少穿化纤，多穿天然纤维材料。棉花，是迄今为止与人的皮肤最能靠近的，它的纤维核对皮肤有良好的摩擦作用，对冷风有不可替代的抵抗作用，对强光冷气等影响身体不利的因素有隔离作用，而且最能透气，不带静电，没有光污染，吸水性能与保温性能好。缺点是容易发皱。贴身内衣选择棉质，非常舒适、安全。现代纺织技术对棉的加工工艺非常先进，已经可以通过措施避免棉材易皱的缺点，广泛将棉纺织制作成各种内外衣面料。麻，透气性与棉不相上下，麻的纤维粗使衣服比较挺括，但因为麻加工过程比较复杂，因而价钱较贵。毛，保暖性好，缺点是贴身穿有些痒。丝绸，质地轻薄，柔软光滑，透气性好，穿着舒适凉爽，飘逸潇洒，是天然保健的理想面料。丝绸原料蚕丝是蛋白质纤维，含有16种氨基酸，具有防止血管硬化、延缓衰老的功能。老年人由于新陈代谢缓慢，很多都患有老年性皮肤病，但穿上了真丝内衣裤后，能收到明显的止痒效果。长期卧床不起的病人生了褥疮以后，如采用真丝枕套、真丝床单和真丝内衣，再用真丝包扎患处，便能吸收水分，并使其蒸发，有利于患部清洁，加快疮口愈合。穿着真丝内衣，对某些皮肤病还有辅助治疗作用。在阳光强烈的夏季，女性用真丝服装遮体，可有效地防止紫外线对皮肤的伤害。但丝绸的缺点是：吸湿性大，缩水率高，抗皱性弱，还娇气。丝绸衣物的穿用和保养十分重要，要勤洗勤换，防跳丝、手搓洗，深色丝绸不能使用肥皂或洗涤剂，不能暴晒等。21世纪出现了新型绿色纤维莫代尔，其原料来自天然灌木林，将灌木制成木浆液后再经过专业纺织工艺制成丝。莫代尔面料具有棉的柔软、丝的光泽、麻的滑爽，是一种新型面料材质，但价格不菲，尚未普及推广。

各种丝绸

化学合成纤维，以

煤、石油、天然气为原料制成，有挺拔、耐寒、易洗、快干等优点，但对人体有很多不利因素。其中聚酰胺类（尼龙）和聚丙烯类（丙纶）可能引发皮肤变态反应；人造丝服装易引起感冒，对患有鼻炎、咽喉炎、扁桃体炎、气管炎、肺炎、肺结核、肺气肿、关节炎、风湿性心脏病、肾炎等病的人也有促使病症发作、加重病情、延长病程、妨碍痊愈的不良作用，因此易患感冒或与寒湿有密切关系病症的人，均不宜穿人造丝服装。用化学纤维布料做内衣易对皮肤产生过敏，造成局部皮肤的瘙痒、疼痛、红肿、水疱等过敏性皮肤炎以及臭味和头痛，由于化纤能吸附大量的尘埃，因此还会因尘埃刺激支气管黏膜而造成支气管哮喘发作，有过敏症的人和婴幼儿更不要用化纤衣料做内衣内裤；尼龙内裤还会引起尿急、尿频乃至泌尿系统感染；夏季经常穿化纤内裤，常致股癣、湿疹等皮肤病。有些纤维还会使一些人血液中的酸碱度产生变化，使尿中钙质增加，破坏体内电解质的平衡。有些化纤服装还会引起支气管哮喘病人夜间突然发病。另外，化纤衣物与皮肤接触摩擦产生静电，干扰神经系统正常工作，导致病变。但用化纤布料做内衣并非纯害无益，有人认为穿氯化乙烯树脂类合成纤维的内衣时，由于带电量相对较大，而对风湿性疾患有一定的治疗效果。

三、衣物安全的判断方法

买衣服不贪小便宜。那些街边小摊的衣服，很有可能是散流在外的不合格产品。所以，人们应尽量购买大商场里的服装和品牌服装。

请购买合格服装

穿衣要适合身体，保健衣服要对症，利于健康。穿高领衣，若感觉到衣领过硬过紧，颈动脉窦就受到了压迫，进而会引起心跳变慢，血压下降和全身周围血管扩张，这被称为“衣领病”，医学称“颈动脉窦性晕厥”。有时穿高领衣在转头时速度过快就会造成脑部血流暂时缺少，出现头昏目眩，严重者可昏迷晕厥、神志不清，因此，上衣领子不宜过高过硬，纽扣也不要扣得过紧。对于已患有动脉硬化的病人，特别容易诱发“衣领病”。保健内衣要对症。目前市场上的保健内衣有三类：磁疗，在面料中加磁；药疗，在面料中添加中草药；远红外线内衣，具理疗功能。它们都有一定的保健功效，但绝不像广告说的那么神奇。保健内衣不是人人都适合穿的，若穿着时副作用非常明显，就不应该穿。磁疗内衣，若磁场太强，对脑组织、生殖系统损伤严重，另外，戴心脏起搏器的病人绝对不可穿磁疗衣服，否则，磁场干扰起搏器将会造成生命危险。药物过敏者不能穿药疗衣物，若药不对症更不能穿。肢体有动脉阻塞性疾病和出血倾向者禁穿红外线内衣，心血管功能不全者避免穿，否则可能诱发心绞痛；有恶性肿瘤的部位禁用，怀疑有的部位慎用，因其会促进肿瘤生长；有新鲜疤痕的部位不能用，因为会促使疤痕增生。

选购衣服特别是高档免烫衣服时，要看一看成分中是否残留有甲醛。免熨衣服是适合“懒人”的衣服，它是将一些化学物质（如甲醛树脂）渗透在全棉布上然后在160℃左右的高温环境下，让树脂交织成较长的纤维，达到类似化学纤维的“高复原性”，并产生一个记忆效果，以保持原有的皱槽。免熨服装质量标准：洗50次后，服装的平整度、强度、手柔软度、吸水透气性、耐磨性等都保持良好的状态。这样的衣服，只需放在洗衣机里转转，提出来晾好了就一样能有款有型。购买免烫衣物要慎重，挑选时请留意产品对人体健康的影响，买回家后应洗了再穿，这样可以去掉一些残留的游离甲醛。

闻一闻是否有霉味、汽油味及异味。对于气味浓重的服装不宜购买。

触摸一些色彩鲜艳的服装，检查着色牢度够不够，是否容易掉色。最好选择不易脱色的纺织品，内衣裤以自然本色为宜。当场可以沾一点水触摸一下，如果手指上染有颜色，最好不要买。如果印花织物手感很硬，就不适合贴身穿着。色彩鲜艳的时装使穿着的人漂亮、精神，但不少人会在衣服接触的部位发生皮炎，出现发红、灼热、水疱甚至糜烂等损害。

细看标签。新开发的绿色服装上都印有生态指数或说明，买到印有生态指数标签的服装可以放心地穿着。

绿色纺织品服装

衣物在穿着之前，尤其是内衣，一定先清洗一次，洗去衣物上残留的有害物质。

功能相同时，选择对环境友好的绿色纺织品服装。

四、认识绿色纺织品

广义的绿色纺织品包含范围相当广泛，从原料的取用、制作过程中能源的使用，到产品使用后的处理、对环境污染程度等整个产品的生命周期，均需详细地考虑与规划，如何做到制造过程减少资源消耗和生产过程零污染是关键，因此消费者在选择服装时，应从绿色纺织品的发展类型来判断是否对环境友好。

(1)可回收纺织品。回收利用已成为现今企业极欲达到的目标，ISO14000更是要求产品在使用完后对环境影响达到最低程度，而回收再利用是未来环保的最佳途径。利用回收的合成纤维制品再制成地毯、窗帘、轮胎线及渔网等产品，以回收纺织品加上树脂制成地板瓷砖或路面填充物等都是很好的做法。预计未来将有更多纺织品做回收利用，达到环保要求。

(2)能源材料纺织品。纤维直径越细，热传导系数越小，就越能具备隔热的效果，亦即在维持纺织品原有功能的前提下，尽可能减少原料耗用

量，仍能达到保暖效果的纤维素材，即可达到节省能源的目的。

(3)多功能性纺织品。功能性纺织品也是环保产品之一，目前的努力方向为成衣、饰品的重量减轻而保护功能增强，如轻薄吸汗运动服、高强力轻薄防弹衣、智慧型温度调整纤维材料及轻薄医疗用纺织品等，皆可达到环保要求。另外，易于防污纺织品的开发可大幅度减少水及清洁剂的使用，对降低河川污染成效更为直接显著。

(4)水土保持用的纺织品。利用遮地材料防止地表水分的蒸发，保湿控制湿气逸散，土壤补强材覆盖土壤防止流失，布料做成灌溉通水管、耕种袋等相关纺织品都可达到水土保持的效果。

生态纺织品

(5)防治污染用纺织品。防治污染可多管齐下配合实施，从治本方面来探讨，生产可分解材质纺织品最为迫切，经分解的纺织品可免除对地球造成危害；除此之外，可分解的纺织品已朝回收再利用的方向发展，这就可以免除对地球的污染。

(6)生态纺织品。用天然但不破坏生态的原材料生产，且在生产加工过程中不产生污染、对人体健康没有不利于安全影响的、健康的纺织品，天然彩棉纺织生产出的产品是世界上公认的纯天然、零污染的绿色生态纺织品。

五、选择有环保生态标志的服饰

20世纪80年代以来，欧洲一些发达国家为保护环境和人体健康，先后做出了对纺织品和服装残留的有害物质，如偶氮染料、甲醛等限量的规定，对有害物质检测超过限量的纺织品和服装禁止进入市场，不准进口。美国、欧盟相继出台了相关的环保法规和纺织品环保标准，对进口纺织品实施严格检测，对进口服装的一百多种有害物质含量进行限制，提出了对非环保染料的限制，对纺织品中偶氮染料、甲醛、五氯苯酚、杀虫剂、有机氧化物等的含量都实施了严格的界定。日本客商也已明确要我国服装企业对缝针、大头针、断手针等进行检验。我国出口的丝及丝绸要接受二百多项指标检测。20世纪90年代以来，我国成立了中国环境标志认证委员会，对照欧盟标准制定了生态纺织品标准，推行环境产品和环境管理体系双绿色认证。环境标志的生态纺织品标准于2000年1月27日开始实施。

北京九采罗彩棉产业有限公司等18家纺织企业获得了中国环境标志产品认证。一批环保纺织品服装，如彩色棉花织物服装、莫代尔纤维、大豆纤维织物（大豆提花绸、黏豆绸、生态蛋白丝呢绒等）、彩棉和远红外丙纶交织衬衫面料等成为纺织行业的亮点。中国环境标志认证委员会的工作对我国纺织行业向生态环保发展起到了积极的作用。

绿色服装

国际环保纺织协会于1992制定了生态纺织品标准100(Oeko-Tex Standard 100)，专门用来检测纺织品和服装上的有害物质。对通过测试和认证的产品授权使用“通过有害物质检测”标记，方便消费者从市场上选购安全的纺织品，同时对实行生态纺织品生产的企业也是一种鼓励和表彰。

鄂尔多斯公司的纳米羊绒衫通过生态纺织品标准100的有害物质检验和环境管理体系认证。羊绒衫的生产比羊毛衫需要更多的山羊，而过量的山羊放牧会使草原沙化，为体现其对环境友好的生产行为，鄂尔多斯公司提供原材料的山羊饲养基地要求退牧还草，全部采取圈养方式，以减少山羊对草原植被生态的破坏。为表彰其产品保护环境的特色，该产品获得中

华环境保护基金会2004年绿色产品奖。

总之，绿色服装与其他衣服的差别在于：绿色服装的标签上都印有环保指数，一般有禁止规定、限量规定、色牢度等级、主要评估指标等内容，消费者买到有生态指数标签的服装可以放心地穿着。

六、来自自然的皮衣饰物

来自大自然的珍兽皮毛服饰，对人体来说健康安全，而且因为材料的稀少更显珍贵和荣耀。皮革、兽皮就备受妇女欢迎，常用来作为炫耀自己身份和财富的武器。水貂皮、北极狐皮过去一直在皮革品中扮演着举足轻重的角色。1996年，水貂皮的批发价格涨势如虹，在赫尔辛基皮料拍卖会上，黑色的水貂皮每张卖到55.52美元，纽约拍卖会上涨到了57.42美元。由于水貂皮的价钱猛涨，人们的目光投向其他裘皮，致使整个裘皮业价格上涨。皮料价格的猛涨，首先威胁的是人类的朋友——动物的生存。自古以来，动物保护作为世界性运动，使真皮的消费前景一片迷茫。在一些发达国家，穿一件狐皮的外衣走上大街，不仅不会引来青睐，还会惹来意想不到的麻烦。意大利著名的影星索菲亚•罗兰，就因为给一家皮货商做广告，而受到了动物保护组织的谴责。有的明星甚至喊出了“宁可裸体，也不穿皮大衣”的口号。

沙图什，来自波斯语，意思是“绒之王”。沙图什的纤维如蛛丝般纤细轻薄，它像婴儿的肌肤一样柔软，而且非常保暖，是富人、名人和时尚人士的首选。电影明星用它包裹新生婴儿，社会名流将它披在晚礼服之外，香港巨商在吃饭时将它搭在腿上。青藏高原上形态矫健、濒危物种藏羚羊的毛中含有世界上最好的羊绒，一种极好的沙图什，它是如此的精细，即使一个大披肩也能从女人的戒指中穿过，因此它也被称为“指环披肩”。藏羚羊是中国青藏高原地区特有的物种，已成为世界级珍稀动物。自1979年起，藏羚羊就被列入《濒危野生动植物物种国际贸易公约》(COTES)，按公约中的规定，藏羚羊的各部分及其衍生物被禁止进行国际贸易。依据野生动物保护学会的报告，至少3～5只藏羚羊的生命才能换得织成一条300～600克重的披肩所需的生羊绒，每条这种披肩价格从1400～1900美元不等，因而在国际黑市上这种披肩被称作黄金披肩。为满足一时的贪欲，一些不法分子盗猎藏羚羊，赚取不义之财，使得藏羚羊数量急剧减少。况且藏羚羊还有一个极其可爱的天性，那就是一只雌性藏羚羊聚集起的一个群落，如果先打死一只雌的，那群落绝不逃散。盗猎者正是利用藏羚羊这种可爱的天性，对藏羚羊进行疯狂猎杀。1999年夏天在中国高寒荒漠区的阿尔金山保护区，动物区保护人员在一处就发现有900多只被扒了皮的藏羚羊尸骸，其中很多是怀孕的母羚羊和三岁左右的成年藏羚羊。尽管有法律保护和禁止贸易的规定，但不断膨胀的西方市场对沙图什的需求仍使我国藏羚羊的偷猎在20世纪80年代末和90年代初迅猛增长。中国国家林业局估计，每年有2万只藏羚羊被捕杀。因此藏羚羊已成为急需加以保护的世界级的濒危动物，而国外的黄金披肩也成为我们中华民族的耻辱。

为解决消费需求和绿色的矛盾，商人找来了替代品——各种各样的仿真皮材料既能满足追求自然美的心情，又能满足保护动物的意愿。在近几年的裘皮服装中，仿皮毛、仿兽皮纹印花的时装如雨后春笋，且广受欢迎。在时装发布会上，设计师每年每人都有用假皮革做的作品，如斑马纹的长外套，皮包、裤、鞋整体搭配，很有20世纪60～70年代的复古风味。

疯狂的盗猎团伙

七、低碳穿衣也时尚

少买不必要的衣服

服装在生产、加工和运输过程中，要消耗大量的能源，同时产生废气、废水等污染物，都会对环境造成一定的影响。在保证生活需要的前提下，每人每年少买一件不必要的衣服，就可节能约2.5千克标准煤，相应减排二氧化碳6.4千克，如果每年有2500万人做到这一点，就可以节能约6.25万吨标准煤，减排二氧化碳16万吨。

要做到少买不必要的衣物，应从以下几方面着手。

(1)穿衣应以大方、简洁、庄重为美，加少量的时尚即可。

(2)在不降低对时尚生活品质追求的同时，尽量减少购买质地不够好、容易遭淘汰的廉价衣物。这些衣服大多因为质地不好，没穿两次就不能再穿，只好堆在衣柜里，时间一长，衣柜里衣服不少，但是真正穿时却发现没有合适的，这就造成了很大的浪费。

慎买打折衣物

(3)慎重购买打折衣服。当遇到打折衣服，不要图便宜而冲动购买，一定要考虑这件衣服自己到底需要不需要，自己家的衣柜里是否有同款式同颜色的衣服，以免重复购买而降低衣服的使用率。

多穿纯天然材质的衣服

因为天然织物消耗能源较少，所以购买衣服应多选择棉、麻等纯天然面料，可减少工业加工或染色过程的污染物排放。

根据环境资源管理公司的计算，一条约400克重的涤纶裤，假设它在我国台湾生产原料，在印度尼西亚制作成衣，最后运到英国销售，预定其使用寿命为两年，共用50摄氏度温水的洗衣机洗涤过92次；洗后用烘干机烘干，再平均花两分钟熨烫。这样算来，它“一生”所消耗的能量大约是200千瓦，相当于排放47千克二氧化碳，它所排放的二氧化碳是其自身重量的117倍。

多穿“纯天然”衣服

相比之下，棉、麻等天然织物不像化纤那样由石油等原料人工合成，因此，消耗的能源和产生的污染物要相对较少。据英国剑桥大学制造研究所的研究，一件250克重的纯棉T恤在其“一生”中大约排放7千克二氧化碳，它所排放的二氧化碳是其自身重量的28倍。

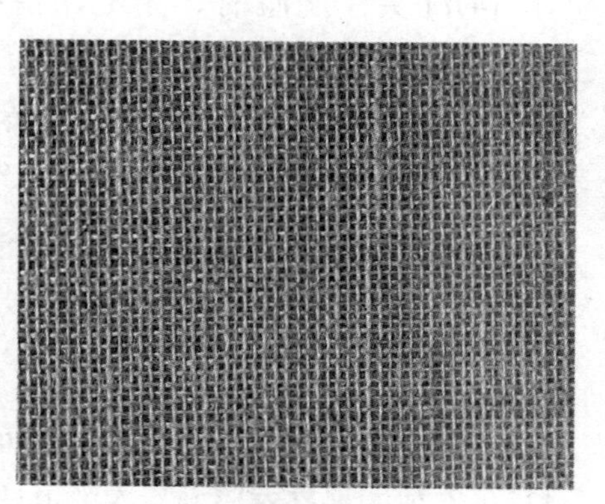

亚麻布料

另外天然蚕丝、纯棉、麻类衣物，在生产制作过程中添加的化学物品相对少，对环境污染相对也相对较少，而且回收利用成本低。

棉服的性价比比较高。一般来说，衣物的制作材料，按照价格高低来排序，应该依次是贵重皮毛、羊毛、尼龙、棉、涤纶。棉质手感柔软，夏天穿吸汗能力强，冬天穿则贴身舒适。一件纯棉衣物如果打理得当，穿三五年都没问题。而且从价格上来说，处于排序的低端位置。所以棉服无论从舒适度、使用时间、环保、健康角度来说，性价比都较高。

在面料的选择上，大麻纤维制成的布料比棉布更环保。墨尔本大学的研究表明：大麻布料对生态的影响比棉布少50%。用竹纤维和亚麻做的布料也比棉布在生产过程中更节省水和农药。

现在还有许多新的环保材料正在被应用到衣服材质中，比如有机棉、竹纤维、绿色纤维等，这类生态服装原材料采用纯天然材料，而且往往还包含高科技工艺，价位也会相应较高。如果消费能力具备，也不失为一种不错的选择。

爱惜衣物也是低碳

平时穿衣时，如果注意爱惜衣物，就可以延长衣物的使用寿命。

(1)外出时穿的正式服装要和家居服分开，回家就换上宽松舒适的家居服，可以延长正装的寿命。

(2)吃饭、走路时注意照管衣服，避免溅上油污和泥渍。

(3)做饭、干活时穿上围裙或劳动服，保护衣服不被损污。

(4)洗头、洗脸时，用毛巾遮护衣领，卷起袖子，避免衣服被水打湿。

(5)脱下来的衣服要折叠好，放在衣柜里或者挂进衣橱里，不要在外面乱堆乱放，以免落上尘埃杂秽。

(6)晚上休息时换上睡衣，既整洁又不损坏衣服。

一衣多穿，提高衣物的利用率

一件衣服要想多穿，巧妙搭配可以把一件衣服当成多件衣服穿，这绝对是最有效的提高衣服利用率的办法。

(1)买衣服时应兼顾到一衣多穿。比如买一件看起来和正装裤子一样的运动裤，既舒服，又可一衣多穿。

(2)买衣服的时候最好能够清理完衣柜之后再决定买什么。

(3)买需要穿而衣柜里没有的衣服。

(4)买衣柜里不能再穿的衣服。

(5)买衣服前要考虑好和现有衣服的搭配，或者直接买套装，以避免单件的衣服因缺配套的而闲置。

(6)买能够混搭的衣服，几件上装和几件下装可以互换搭配。

从二手衣物中淘宝

在20世纪八九十年代以前，向灾区捐赠衣物，向亲友赠送衣物，亲友间互换衣物，小孩子穿用大人的衣物改制的衣服，用旧衣物缝制口袋书包，用旧衣物做鞋底，本是再普通不过的事情，但是，现在二手衣服却往往容易让人想起发霉、过时这些不愉快的词。

事实上，在伦敦、纽约与东京，非常流行逛二手商店，买二手货、穿二手衣。

毕竟，从二手衣物中淘宝，可以实现循环利用，减少废弃衣物在销毁和再次生产过程中的耗能及有害物质的排放。

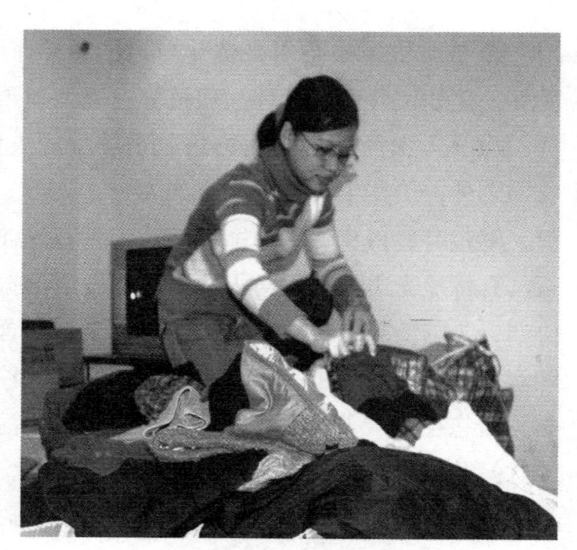

从旧衣物里面淘衣服

目前，国外的二手店是潮人实现少花钱寻觅个性服饰、大牌服装的好去处。

在国内，还停留在对二手衣物的质疑中。不过，在淘宝以及一些时尚人士聚集的论坛中，二手衣服依然有一定市场。在这里，最受欢迎的是一些名牌衣服，五折也许就能买回家。

那么，如何从二手衣物中淘宝呢？

(1)用低折扣购买品牌正装。

(2)对于一些品质高档的晚礼服，是一些职业女性出席正式场合必备的服装，但是这种晚礼服平时很少用得上，利用率较低，就可以考虑购买名牌二手晚装。

(3)在朋友圈中互换衣服。

(4)定期参加一些朋友们举办的二手衣物交流专场。朋友衣橱中计划淘汰的，可能正是自己苦苦寻觅的，一般可以根据衣服新旧按照两三折的价格拿下。自己不再需要的衣物可以拿去交换或者低价卖出，换回一点成本也好。

八、购买首饰要慎重

佩戴首饰本来是用来美化自己的，除了女性一些男性也有这方面的爱好，比如，喜爱戴耳环、项链弥补脸型和颈部长短的不足，使人变得精神、漂亮、潇洒。贵金属饰物越来越引起人们的青睐，除了花样繁多的首饰之外，一些生活日用品，如表壳、表带、眼镜架等也使用了贵金属材料，佩戴时显得华贵。中国民间认为玉石能辟邪，有利健康。据研究，玉石具有特殊光电效应，与人体电磁场发生谐振，使人体各部分更加稳定、协调，头脑清晰，精力旺盛；同时，玉石中含硒、锌、镍、铜、锰等微量元素，长期与皮肤接触能被人体吸收，因此，日本和美国兴起一股玉石热。但您在追求美的时候，请不要忽视首饰污染及其引发的疾病。如果不注意佩戴卫生，容易患上形形色色的首饰病。各类金属首饰在制作过程中添加了一定量的铬、镍、铜等金属，特别以假乱真的人造珠宝、合金首饰等，添加成分则更加复杂。

(1)首饰病。最常见的是首饰皮炎，其中以戴项链、耳环者为最。首饰释放镍，易引起皮肤炎症，而且在皮肤发生炎症后细菌感染还会增加镍的释放。目前还没有一种不释放镍的穿耳针和耳环可供戴耳环者使用。首饰对肌体的损伤程度与佩戴部位皮肤的薄厚有关，脖颈的皮肤比手部要薄得多，因此，戴项链的部位很容易受到损害；有过敏体质的人容易患上首饰皮炎，即在接触部位可出现红肿、奇痒、水疱、脱皮现象，称接触性皮炎，严重的会诱发哮喘和全身荨麻疹等疾病。有过敏体质的人应尽量少戴首饰。

(2)贵金属电离作用引起的疾病。贵金属首饰如金、银，有较好的稳定性，色泽瑰丽，加工成首饰富丽堂皇，但佩戴不当会引起疾病。有一位62岁的老人买了一块金表按惯例戴在左手腕上，不料几天后变得精神萎靡，无精打采了。医生建议把他的表摘下来戴在右手腕上，几天后，变得精神爽快，一改往日旧貌，其原因是贵金属的电离作用扰乱了人体的正常生物电流。贵金属的电离作用是因人而异的，同一件首饰，有人戴着很舒服，有人戴着则会产生不适。这是由于贵金属对人体生物电流作用方式不同所致，因此佩带贵金属首饰要尽可能左、右手交换着戴，同时不要让贵金属直接接触人体。

(3)首饰中放射性元素引起过敏，甚至癌症。首饰为黄金、白银、各种宝石等制作而成，其原材料往往来自岩石。有些岩石在自然界中常常是富集放射性元素，使得饰物带有放射性；在冶炼和制作的过程中，往往也会混入一些放射性元素钴、锡、镭等，这也会引起人体过敏；这些放射性元素再通过呼吸道、消化道和皮肤层进入人体，在体内积蓄，达到一定程度后，甚至会引起人体血液、骨髓和生殖系统的恶性病变。据美国纽约一家卫生机构研究发现，在一千件金属首饰中，有七八十件含有放射性元素，如果长时间戴用这种饰物，就有可能诱发皮肤癌。购买金银、珠宝饰品时，须特别提防放射性元素的危害。有一位妇女买了一枚金戒指戴上不久，就发现戴戒指的那只手出现了非常红的皮疹，尔后发展成肿块。经医生诊断，她患的是癌症，被迫切除掉

首饰饰品

三个手指和半个手掌，她把这枚戒指拿到有关部门检测。发现这枚戒指里面窝藏有致癌的放射性元素，正是这种放射性元素给她带来了不幸。

配戴首饰要注意首饰卫生，减少细菌感染，要经常用干净的软布擦拭。配戴首饰的时间不宜过长，在洗澡、睡眠、午休时应摘下来，以免划破皮肤，引起感染。首饰加工应提高首饰纯度。如今有些家长还让自己的孩子佩戴各种首饰，这是不妥的。其一，儿童皮肤比较娇嫩，戴上首饰容易擦破皮肤而诱发感染；其二，儿童生性好动，会使自己的首饰脱落，还有的含在嘴里，这是很不卫生、很不安全的。

九、超级衣服巧选择

下面我们来看看世界上有哪些奇妙的衣服吧。

会长的衣服

法国巴黎一位服装专家设计出一种能“随孩子一起长的衣服”。这种童装，从衣领到袖子和裤管，从背带到腰带，不仅可以“装卸”，而且可以“自行调节”。孩子身长、体宽与日俱增，这童装的各个“零配件”也随之“延伸”，放大到完全合体的程度。它一般可穿3～5年。其衣料耐用、耐脏、易洗、易干。

能吸味的衣服

英国人制作出一种吸味布，这种布是用含有氯化物的化学物品处理过的，然后再将其送进含有二氧化碳的炉子中加热到600～800℃，使其碳化变得有活性，能吸收有气味的分子。用这种布制作的衣服很适合于医务人员、化工人员穿着。

只穿不洗的衣服

俄罗斯一家纺织品研究所研制成一种根本不需要洗涤的衣服。缝制这种衣服的纤维织物在清除电性后，就不会吸附灰尘和脏物，表面高度光滑。因封闭纤维分子结构中的活性基因能使一切污垢无隙可乘，穿上这种衣服能一尘不染，即使粘附上尘土也能一拍即落。

既耐寒又不怕热的衣服

德国研制出一种热反应纤维，这种纤维织物对温度非常敏感，可以随体温而变化。如果在聚合物的溶液中掺入许多极微小的特殊液体，纺成的化纤就包含无数肉眼看不到的微小液滴。数九寒天，纤维中的液滴分解出气体形成气泡，造成纤维膨胀，织物孔眼关闭，从而使衣服变得蓬松，增强保暖性能；三伏酷暑，气泡重复变成液滴，收缩，使织物的空眼张开，衣服又变得稀疏凉爽。这种“四季一种衣”就可以替代传统的“单、夹、棉”衣了。

能驱除疾病的衣服

在美国有一种表面覆盖着二氯苯醚酯和除虫菊薄膜的衣服，据称能驱除蚊蝇，蚊蝇与薄膜接触几秒即自行死亡。这种衣服耐冷水，可用中性洗涤剂清洗，对人体无害。

能杀菌的衣服

美国一家公司生产的一种布料看似平常，未经染色处理，也没有涂抹任何化学药物，是经过复杂的物理化学处理才产生了未经染色的自然绿色。当这块带静电正电荷的布料接触到带负电的细菌时，两者之间就会产生磁场造成干扰，有效地改变细菌的遗传基因排列组合，使细菌无法分裂繁殖。简单地说，就是以抗菌、抑菌方式达到灭菌的目的。这种布料人们称它为绿纤维布，它打破了传统的以吃药、打针、涂抹药物为手段的灭菌观念。你也许觉得不可思议，但千真万确：只要绿纤维布和皮肤直接接触10小时后，就可达到99.9%的除菌率、90%的除臭率和很高的干爽率。绿纤维布在经过30次洗涤之后，除菌率仍高达99.2%。穿着

绿纤维布做的各种内衣和袜子，可以明显感觉到绿纤维布抗菌、除臭、吸汗的惊人效果。

能治病的衣服

英国一家纺织公司把具有一定磁场强度的磁性纤维编织在布里，使布具有磁性，用它制作衣服，可以治疗风湿、高血压等病。在我国这种衣服已广为流行，如磁棉衣、磁背心、磁帽子、磁袜子等。

无需缝制的衣服

法国推出一种新奇衣服，它不用线，而是利用热成型与超声波黏着法制成的。当顾客来订制时，用视频摄影机扫描全身尺寸，然后决定款式、颜色，连同尺寸一起输入电脑化的系统中即可制作完成，完全不需缝制。

能治病的衣服

第三章

饮食消费我低碳

一、食品中的污染

食品原料污染包括种植中农药、化肥的残留，种植环境中的污染蓄积，养殖中的饲料添加剂、抗生素等，以及不法商贩为牟取更多利益而人为地加入有毒物质，如用甲醛浸泡水发食品、注水肉等。

食品保鲜产生的污染。目前使用最广泛的保鲜方法是在食品中加入防腐剂以杀灭和抑制微生物的繁殖和生长，并且能降低食品氧化作用和减缓新陈代谢过程，但某些防腐剂添加过量或不当会对健康不利；山梨酸既有防腐作用，其本身也参与人体的新陈代谢，最终分解为二氧化碳和水，是一种较理想的防腐剂。

食品加工过程中的污染。如使用过多的色素会引起食用者神经系统的冲动，一些儿童脾气暴躁、厌食与此有关，同时还会导致一些儿童肌肉组织脆弱、脑质衰减，出现注意力不集中、自制力差、食欲减退等症状，医学上称之为“染色食品综合征”。各种发酵剂、食用色素、甜味剂中有些是具有毒性和致癌性的，有些人工合成色素如胭脂红、日落黄、靛蓝等毒性较大，甚至具有致癌作用。我国规定可以使用的食品色素只有四种。

食品中的污染

食品中衍生污染物的污染。这类污染物包括N－亚硝基化合物，主要为亚硝胺类化合物，现已证实八千多种有强致癌性；多环芳烃是另一类可治癌的污染物，现已发现有二百多种具有四、五、六个芳香环的烃类化合物，如烧烤含油脂食品或直接用煤或木柴熏制食品，都可生成这类物质。

生物性污染。长期放置在冰箱或货架上的食品污染，主要是由有害微生物及其毒素、寄生虫及其虫卵等引起的。肉、鱼、蛋、奶等动物性食品经常会被一些致病菌及其毒素污染，容易导致使用者发生细菌性食物中毒和人畜共患的传染病。

食品包装材料的污染。作为食品包装和容器的塑料很容易污染食品，有些塑料本身并无毒，但合成它的材料有毒。有些塑料在加工中需要加入增塑剂、稳定剂、抗氧化剂、抗静电剂、抗紫外线剂等，其中有些对人体有害，与食品接触就会引起食品的污染。

二、了解三绿工程

近年来，由于食品安全形势出现了一些新变化，如浪费资源现象严重，大量废弃物排放到环境中等，对食品安全构成威胁；制售假冒伪劣食品的案件时有发生，作案手法日趋隐蔽；有害投入品的功能花样翻新，危害面较大；不法分子不断变换有害投入品的投入手法，给检测工作带来了难度；打着金字招牌制售污染食品，具有欺骗性；以低营养食品原料替代生产假冒高营养食品，销售重点由城市转向农村。加强食品安全工作是永恒的主题，为此，由商务部、科技部、财政部、铁道部、交通部、卫生部、工商总局、环保总局、食品药品监管局、国家认监委、国家标准委十一个部门联合实施“提倡绿色消费、培育绿色市场、开辟绿色通道”的系统工程——“三绿工程”。“三绿工程”以建立健全流通领域和畜禽屠宰加工行业食品安全保障体系为目的，以严格市场准入制度为核心。实施三绿工程，是实施食品放心工程的重要内容，不仅是一项经济工作，而且是一个社会问题，是一项政治任务。三绿工程是治理食品污染的一种创新方法。欧美等经济发达国家的食品实行公司化、规模化、集约化生产，品牌化、包装化经营，产业化程度比较高，从生产、运输、销售直至到消费者手里都能找到责任人。但在我国，农产品是千家万户生产，产业化程度很低，再加上品牌化经营刚刚开始，从生产环节监管难度非常大。发现了污染超标食品，很难找到直接责任人。在这种情况下，虽然源头治理非常重要，但是很难操作。为此，三绿工程运用现代流通指导生产、引导消费的理论，实行了“反弹琵琶”的思路，先从提倡绿色消费抓起，然后培育绿色市场，开辟绿色通道，从而引导绿色生产，实行全程质量控制。实践证明，这是从我国实际出发解决食品安全问题的一种方法创新。

三绿工程是促进可持续消费的一种方式。目前，我国能源消耗量非常大，1亿美元GDP消耗能源11.6万吨左右标准煤，分别是美国、日本的3.65倍和6.58倍。其中大量未充分利用的能源被作为废弃物排放到空气中，严重污染环境，这不仅影响到我国可持续发展，也对食品安全构成威胁。节约和合理利用资源是我国当前面临的紧迫任务，其关键是推进有利于环境保护和生态平衡的消费，以科学的消费方式保护自然环境，最终达到保障食品安全的目的，实现人与自然和谐发展。节约资源，保护环境，直接关系到食品安全。提倡绿色消费，既包括保障食品安全，也包括节约资源和保护环境，因此，实施三绿工程是贯彻落实科学发展观的一项重要措施，是促进可持续消费的有效方式，对我国社会经济全面谐调持续发展，全面建设小康社会具有重要意义。

地区“三绿工程”会议

三、探访一瓶饮料的碳足迹

我们生活中的每时每刻都会在地球上留下或轻或重的碳足迹。如果中午在麦当劳吃了一个汉堡包，就等于你为地球留下3100克的碳足迹，也就是制造这个汉堡包所产生的二氧化碳排放量的总和。那么，我们喝一瓶饮料会留下多少碳足迹？

根据调查，制造一公升塑料瓶的瓶身，就须耗费掉0.16千克的石油及7.4千克的水，并排放出93克的温室气体。再加上瓶装水出了生产线还要运送、上架、冷藏等一系列流通环节，换句话说，如果今天你到超市买了一瓶矿泉水，它的制造与运输的碳足迹至少就已经排放了100克温室气体，这几乎与使用5小时笔记本电脑所排放的碳一样多！除了制造、运送过程会造成污染外，后继的空瓶处理也是一大问题，使用过的塑料瓶只有2成被回收，最后多半成为垃圾被掩埋，成为千年不坏的现代化石。

矿泉水

根据波尔多葡萄酒行业协会(CIVB)2008年11月公布的“碳倡议”报告，波尔多葡萄酒制造行业每年会产生20万吨的二氧化碳排放量。以波尔多2007年的葡萄酒总产量7.56亿瓶平均，意味着一瓶葡萄酒的碳足迹约为265克。

“碳倡议”是CIVB委托法国气象专家让马可冉科维奇用6个月时间调研完成的。在这20万吨二氧化碳排放量中，有45%来自玻璃瓶和瓶塞等包装材料；18%来自葡萄酒的陆路运输；12%来自市场行销差旅和观光游客的活动；10%来自酿造过程。

CIVB倡议通过减轻酒瓶重量、坚持使用软木塞（有研究表明，螺旋盖对环境造成的污染是软木塞的22倍）、降低能源消耗、减少化肥和杀虫剂的使用等低碳生产方式，来降低二氧化碳的排放量。时任CIVB主席阿兰威宏诺表示："我们计划在今后5年内，减少二氧化碳排放量3万吨，并力争到2050年减少75%。"

葡萄酒的软木塞

中国饮料行业经过20多年的年均增幅超20%的快速发展，到2009年年底，产量已经突破8000万吨。同时，中国饮料企业面临资源短缺、环境污染恶化等问题，因而绿色生产逐步成为很多企业追求的目标。

近日，百事可乐、可口可乐等饮料业巨头，在中国饮料工业协会的牵线搭桥下，开始与沃尔玛等零售商探索一条从生产到消费的绿色产业链。

巨头联手的绿色探索仅仅是一个开始。未来，销量与产量不再是衡量国内饮料业商业价值的唯一标准，中国饮料工业协会将对国内饮料生产与销售体系增加一项新的考核。该协会将按照国家的相关标准，对饮料企业的相关指标进行审查和考核。考核内容包括：原辅材料的利用率，单位产品的取水量、单位产品的综合能耗，水资源利用、废水处理及达标排放、固体废弃物的管理和设备节能环保的水平，以及通过改变生产工艺等清洁生产措施，生产节约成本、降低能耗的产品。

目前国家正在加紧起草《清洁生产标准——饮料制造业》，但从2007年开始，中国饮料工业协会就着手在全行业开展了一次清洁生产、节能减排的普查。普查结果显示，从全行业来看，每吨玻璃瓶装碳酸饮料的耗水已从20年前的10吨以上降低到目前的4吨以下；近几年企业耗水达到取水定额一级标准而成为"节水优秀企业"的数量逐年递增：2007年9个，2008年25个，2009年达到41个。

在重庆召开的“2010中国饮料行业绿色峰会”上，中国饮料工业协会秘书长赵亚利说，饮料业的节能减排不仅是修建绿色工厂，在原料采购、生产工艺、过程控制、节水节能措施、资源循环使用、环境保护管理等方面把二氧化碳的排放量降下来，更重要的是探索如何与产业链下游的零售商合作，将绿色的概念延伸到产品的物流、采购、销售和消费，从而摸索一条“建设饮料产品从生产到消费的绿色链条”的新途径。

中国轻工业联合会在峰会期间举办了一场“饮料行业清洁生产，节能降耗高级研修班”，来自汇源、娃哈哈、统一、农夫山泉、雀巢、乐百氏、可口可乐、百事可乐、华润怡宝、维他奶、椰树、福建仙洋洋、康师傅、佳美、中梁山、蓝剑、加多宝、达能益力泉、崂山矿泉水、上海紫泉、江西润田、山东兔八哥等60多家饮料企业的企业高管、高级专业技术和管理人员参加了研修，一场绿色革命正在饮料行业轰轰烈烈地开展。一瓶饮料的碳足迹正演变为全行业乃至全社会的节能减排大效应。 作为这个生产销售链的最终端，我们普通消费者也可以从少买瓶装水、袋泡茶、各式饮料做起。一瓶550毫升瓶装水的产生伴随着44克二氧化碳的排放。生产相同质量的瓶装饮用水、桶装饮用水及普通白开水的能耗比为1500：500：1，也就是说生产瓶装水、桶装水的二氧化碳排放量分别是普通白开水的1500倍和500倍。

四、健康低碳食品大排行

低碳食品指的是在生产、运输、消费的生命周期中有较低的能源消耗，产生的二氧化碳及其他温室气体较少的食品。比如，应季的蔬菜，不需要提供温室大棚等特殊条件；本地产的作物，省去了运输过程消耗的能源；较少使用化肥的绿色食品；不过度包装的食品等。反之就是高碳食物。低碳饮食的概念是由阿特金斯医生在1972年撰写的《阿特金斯医生的新饮食革命》一书中首次提出的。低碳饮食被人们提出来是一种倡导人们严格限制碳水化合物消耗量，增加蛋白质和脂肪的摄入达到瘦身目的的减肥方式。时至今日，低碳饮食已经从以往单纯的减肥方法变成了环保主张。

低碳饮食究竟该吃什么呢?

粗粮谷类

五谷为养，多吃粗粮。谷物类食物中由于不饱和脂肪酸、维生素、纤维素和一些微量元素含量丰富，因而能减少和预防心血管病、糖尿病、肾病、癌症等病变。我国的传统膳食结构就是以植物性食物为主，养生之道也要求人们“五谷为养，五菜为充”，要节制饮食，清淡为主。按中国营养学会推荐，每天进食250～400克谷类、薯类及杂豆，就是既安全又营养的选择。这个建议也与低碳饮食不谋而合。一亩耕地用来种植大豆，可获得60千克蛋白质，可满足一个人85天的蛋白质需要；如果用来种粮食配成饲料养猪后再食用猪肉，仅能产蛋白质12千克，满足一个人17天的需要。因此，用全谷替代一部分精米白面，无疑会大大减少自然环境的负担。而且，粗粮未经精细加工，维生素和矿物质含量是精米白面的3～5倍，对预防糖尿病、高血脂更有很好的效果。

粗粮

时令果蔬

果蔬，应该吃本地的、应季的。首先，本地的蔬菜水果味道更好，因

为本地产品可以做到九成熟采摘，而长途运输的产品必须在六七成熟时采摘；其次，经过长途运输，果蔬中的营养物质会受到一定程度的损失，不及本地产品营养价值高；第三，为了使长途运输的果蔬保持新鲜，难免要用些保鲜剂。

营养专家认为，时令果蔬不仅营养价值高，而且于环保有益，是最典型的低碳食品。时令果蔬中蛋白质、维生素、无机盐及纤维素等营养元素的含量比较高，而且易被人体吸收，多食用时令果蔬不仅可以控制体重，也能在一定程度上预防“三高”病症的发生。

从环保的角度来说，消费当地的食物还可以间接减少运输能耗，减少碳排放量。现在有个新名词叫“食物里程”，就是指食物从产地送到嘴里的距离，距离越远，消耗能源越多，二氧化碳排放量越大，也就越会给地球带来更大负担。

除了选择本地食物，环保人士还提倡吃应季食物。这些食物在正常节令产出，能得到足够的阳光和热量，含有正常的营养保健成分。而非当季蔬果多以大棚栽培为主，难以达到最佳品质，叶绿素、维生素C、矿物质等含量偏低，特别是抗氧化物质等保健成分会大大下降。同时，非当季的水果在生产过程中也会消耗更多的能源，给环境带来更大负担。

时令果蔬

谷类乳制品

目前许多乳饮品也开始注意到低碳市场，开始推出相对应的五谷乳饮品。粗粮的概念目前在乳饮市场十分风行，因粗粮乳饮不仅能补充人体所需的营养，其中的五谷成分还可以增强肠胃吸收能力，所以较受消费者的欢迎。

据悉，目前各大乳制品公司皆已推出了五谷粗粮乳饮，其中包括伊利旗下的谷粒多谷物奶，小洋人妙恋五谷奶昔，以及维他奶旗下的纤益系列豆奶等。通过走访市场了解到，这些乳饮单位价格多在3～4.5元，比其他牛奶饮品价格高出1～2元，但因打着五谷概念宣扬健康理念，所以仍吸引了不少消费者。

白肉

鸡肉、鸭肉、鱼虾和蛋等，俗称“白肉”，是相对于猪肉、牛肉、羊肉和狗肉等营养学上的“红肉”而言的。

鱼和家禽肉里优质蛋白和不饱和脂肪酸含量较高，营养成分容易被人体吸收，能够帮助降低身体内的胆固醇水平，鱼肉里的欧米伽脂肪酸则可以降低患心脏病的风险，相比红肉对人体更有好处。通过调查发现，很多崇尚低碳饮食的人其实并不明白其概念，往往把低碳水化合物饮食和低碳生活主张下的饮食混为一谈，认为如今热门的低碳饮食就是少吃肉甚至不吃肉。其实这种观念是错误的，选择肉类时要因人而异，要多吃白肉少吃红肉，这才是低脂肪、高蛋白的饮食方式。

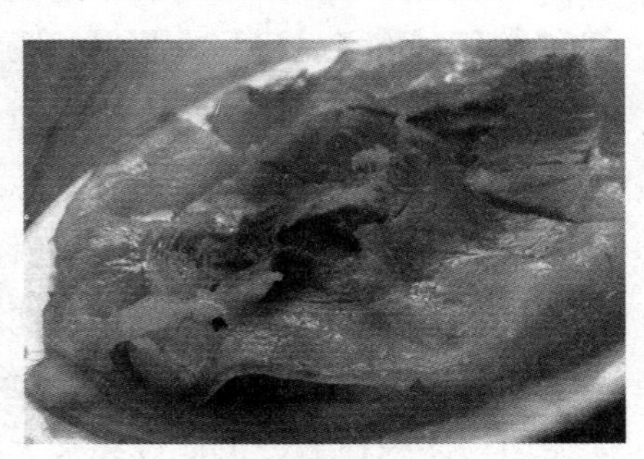

白肉比红肉脂肪含量低

五、食物中的高碳食品

我们消费的食物需要通过人类的各种劳动和资源的消耗来生产。调查和研究发现，生产高蛋白、高脂肪的食物，如肉类，比生产谷物类食物消

耗的能源和排放的二氧化碳更多，所以高碳食物和低碳食物的概念是以单位粮食产品生产过程中的能耗高低和排放二氧化碳等温室气体的多少为衡量标准的。

因此，低碳食物就是在食品的生产过程和人们在消费食品的过程中（包括加工和运输）耗能低、二氧化碳及其他温室气体排放量少的食物，反之即是高碳食物。

德国研究人员的研究表明，生产各种农产品的温室气体排放量差异极大，生产1千克农产品的温室气体排放量，由小而大，依次为冬小麦、牛乳、猪肉、乳牛肉、奶酪、公牛肉。

高碳食物主要包括如下几种。

红肉类

红肉（牛、猪、羊肉等）即高碳食物，其不利于健康的原因在于，红肉含有大量容易引起乳腺癌和肠癌的饱和脂肪；红肉的铁含量过高会导致其他癌症；人们多吃红肉极易造成身体高血压和高胆固醇进而引发心脏病；红肉中含有血红蛋白及肌红蛋白化合物，在加工过程中容易形成亚硝胺等致癌物；红肉里含有较多的雌激素，会增大女性乳腺癌的风险；红肉消化后产生的食物残渣较少，会使肠蠕动减弱，会使有害物质在肠道内停留时间增长，增大患直肠癌的风险；另外，饲料里面的农药残留等长时间在动物体内积蓄，形成危害极大的毒素，摄食红肉过多也对健康不利。

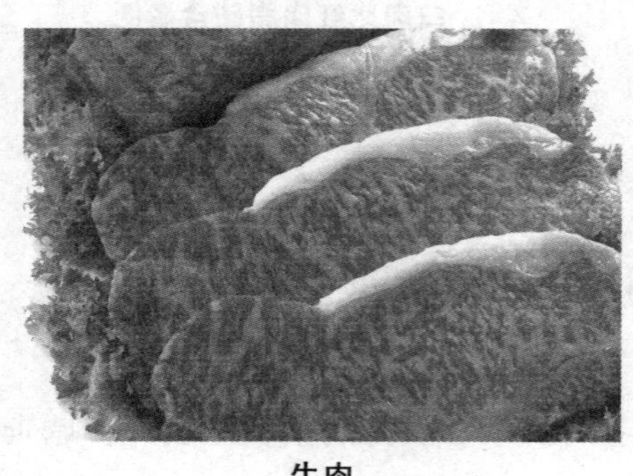
牛肉

从总体上来看，肉类食物由于蛋白质、脂肪含量较高，会导致许多人体疾病，如心血管病、糖尿病、肾病、癌症等。例如，肉类和脂肪中的饱和脂肪酸及低密度脂蛋白较多，可导致心脑血管病和癌症。

《全民节能减排手册》中指

出，每人每年少浪费0.5千克猪肉，可节能约0.28千克标准煤，相应减排二氧化碳0.7千克。如果全国平均每人每年减少猪肉浪费0,5千克，每年可节能约35.3万吨标准煤，减排二氧化碳91.1万吨。更有数据表明，吃1千克牛肉等于排放36.5千克二氧化碳；而吃同等分量的果蔬，二氧化碳排放量仅为该数值的1/9。所以多吃素少吃肉，不仅有益身体健康，还能减少碳排放量。

美国国立癌症研究所从1995年开始对54.5万名50岁至71的岁老人进行膳食和营养的调查，并持续了10年。结果发现，过量食用红肉（如猪、牛、羊肉等）和加工过的肉（如汉堡、热狗、培根、冷盘等），如每天吃90克（1.8两）红肉，与每天只吃20克（0.4两）红肉的人群相比，10年后，因为心脏病导致死亡的风险，男性增加27%，女性增加50%；因为癌症导致死亡的风险，男性增加22%，女性增加20%。膳食中白肉（如鸡肉和鱼肉）比重多者，死亡风险低。每天食用红肉超过160克的人与那些尽可能少吃红肉的人相比，患结肠癌的风险高出30%，患直肠癌的风险高出40%。那些爱吃禽类和鱼类的人与少吃这些食物的人相比患盲肠癌的可能性要降低30%。

从健康的角度来说，少吃肉同样重要。动物食品中的脂肪和蛋白质过量，会招来高血脂、高血压等许多富贵病，同时增加多种癌症的风险。此外，动物食品容易被多重污染，大鱼大肉的饮食会给人体带来更多污染物质。

加工类食品

随着生活节奏的加快和超市商场的兴起，越来越多的市民形成了在超市和商场购买食品的习惯，品种多样、环境舒适、卫生、便捷让市民感受到了超市的便利，可是，许多人没有意识到正是这种便利埋下了对健康和环保不利的隐患。

以氢化植物油为例，可以让食物酥脆又耐久放，现在市场上出售的炸鸡、炸薯条、盐酥鸡、油条、经油炸处理的方便面食品或烘焙小西点、饼

干、派、甜甜圈等，都经常使用这种油脂。这类食品经过油炸或酥化后，改变了食物本身的色、香、味，更加容易引起人们的食欲，成为饭店、餐厅，甚至家庭餐桌上的常备菜。但是，不仅油炸过程可能产生毒性物质，而且氢化植物油本身就有害健康。

据有关专家介绍，超市80%～90%的加工类食品都属于世界卫生组织公布的十大垃圾食品，包括腌制类食品、油炸类食物和可乐类食物等。这些食品加工时耗能、耗电，加工过程中要添加许多食品添加剂，食用后会产生塑料垃圾，不仅营养价值低，甚至还含有许多对人体有害的添加物。

多选完整食物，少选加工食物。完整食物，即少加工、少人工添加物、无化学肥料、无农药、天然形态的天然食物，例如吃一个苹果，而不是喝一杯苹果汁；吃一个马铃薯，而不是吃一包薯片。摄取完整无害的食物，可获取直接而大量的营养成分，又减少了加工、包装和储藏过程中的巨大能耗，不仅收获健康，还能低碳环保。

油炸食品

回归天然，坚持购买天然食品，抵制加工类食物，才是真正符合健康低碳要求的。

六、拒绝食用野生动植物及相关食品

食用野生动物不一定安全和健康。野生动物体内一般都含有大量的寄生虫，容易诱发一些寄生虫疾病，如鹦鹉热、兔热病、脑囊虫、肺吸虫、血吸虫、肠道寄生虫病等。蛙肉中常常寄生一种曼氏裂头绦虫，其幼虫可以随着人们食用蛙肉而进入人体的软组织和内脏，三周后便能发育成一米左右的成虫，使寄主腹痛、呕吐，软组织发炎、溶解、坏死，严重的还会导致瘫痪或失明。吃野生动物也有可能把野生动物携带的疾病传染给人类，比如肺结核、狂犬病、鼠疫等。在众多的野味中，人们吃蛇吃得最多，而蛇的患病率很高，癌症、肝炎等几乎什么病都有，寄生虫更多。人们常喝蛇血和蛇胆酒，而蛇体毒素很多，神经毒会导致人四肢麻痹，血液毒能使人出血不止。吃野生动物还能给人类带来不少瘟疫。

蛇胆酒

吃野生动物还会导致生态失衡。很多野生动物，像猫头鹰、娃娃鱼、熊、穿山甲都是国家重点保护动物，食用他们是违法的。非法食用野生动物已经使很多动物濒临灭绝。近年，物种灭绝的速度已超过了自然灭绝速度的50倍，现在每天都有一百多种生物从地球上消失。我国已经有十多种哺乳类动物灭绝，还有二十多种珍稀动物面临灭绝。因此，我们应拒绝去野味店。

发菜

近年来，人们在追求绿色食品的时候，对一些不受任何农药、化肥污染的野菜、野花、野果等自然生长的野生植物情有独钟。山野菜营养价值高，有的还具保健功能和防癌作用，一时兴起吃“天然”热，如松茸、地衣、竹笋等，被大肆采掘。这些来自大自然的植物在保护森林、植被、土壤，防止水土流失和维护生态平衡方面起着不可替代的作用，人们在食用的时候，是否考虑过对生态的破坏？草原植被中有一种发菜，本来是一种非常普通的野菜，因为天然食品的流行和与“发”字谐音被大肆挖掘食用或加工成食品，造成植被严重破坏，以至于政府不得不出面干预，发出禁止采挖发菜的通知。天然食品，可能保障了食用者的安全和健康，但却对生态造成了无法弥补的过失。因此，应适当食用或在进行人工栽培后再推广食用，以此来保证资源永续利用和生态平衡。

七、拒绝以野生动植物为原料的制品

传统中医药学是祖国文化遗产中一个很重要的组成部分，是数千年来劳动人民智慧的结晶。中医中药在我国一直发挥着非常重要的作用，由于经济利益的驱使，药用野生动物被大量猎杀，其器官及产品如麝香、犀角、虎骨、羚羊角等被大量走私贩卖，使这些物种面临着日益严重的威胁和悲惨的处境。药用植物资源中甘草、光果甘草、羌活、单叶蔓荆、黄皮树、肉苁蓉、银柴胡、紫草等一百多种中药材的资源量普遍下降，八角莲、杜仲、见血封喉、野山参、黑节草、小勾儿茶、凹叶厚朴等三十多种药材野生资源量越来越稀少，处于濒临灭绝的边缘。而且，很多药品使用珍贵野生动植物为原料是完全不必要或可替代的，如熊胆、虎骨、海狗鞭等。中医药中对虎的利用主要为虎骨，但其肉、膏、肾、睛、牙、皮、胆、血、须、尿、肚等皆可入药，可是直至今天，虎骨等入药的机理一直没有得到有效的确证，反而招致了许多质疑。同时，利用濒危野生动物入药的问题严重影响了中药在国际上的声誉。许多中医药专家致力于虎骨代用品的研究，虎骨和狗骨的有效成分均为骨胶，而虎骨、狗骨的无机成分亦颇相近。熊胆自古在中医里就是不常用的中药，其功效无论是清热、凉血、明目，都有相应的植物药可以替代。而海狗鞭（药名：腽肭脐）的温补肾阳之功“大抵与苁蓉、锁阳之功相近”（《本草纲目》语），现代临床应用认为其功效犹不及淫羊藿，可见腽肭脐并非不可或缺，反因自身货稀价高，明显不经济。很多中医大夫其实非常反感现在一些所谓的保健品，这些东西名为增强人的体质，实则损害人的身体。

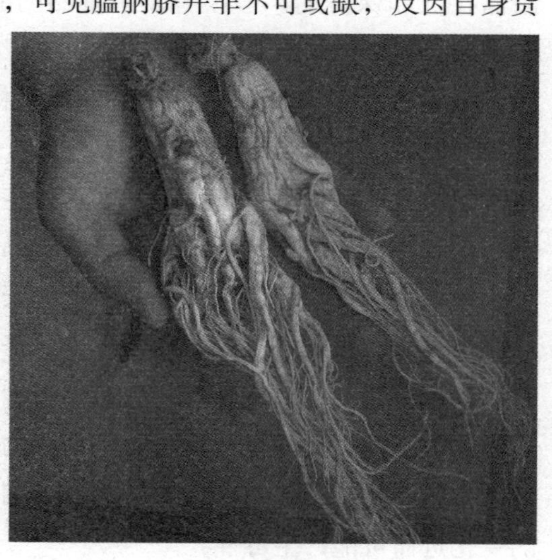

野生人参

因此，我们要认清一些使用濒危动植物为原料的药品和保健品的实质，如果不必要或存在替代品不选择使用濒危动植物为原料，这样既保护了动植物又节约了资金，一举两得。

 八、遗传基因工程的发展和转基因食品

所谓遗传基因工程，是指在遗传基因细胞这个层次上进行各种人为的操作，将至今为止必须在自然界经过很长时间或者根本不可能完成的事

情在短时间里促成的特殊技术，是人类科学技术的极大成果。在这项技术中，可以分析预知和诊断疾病，并且开发出新的预防技术、医药生产技术、医疗技术；通过操作遗传基因，打破种子之壁，按照人类的意志创造出从未有过的人工生物，包括作为人类食物的转基因食品。

转基因食品对人类生活的利与弊学术界意见各不相同，但可以肯定转基因食品有六个方面的优点：①改善食品营养成分含量；②改善粮油食品的品质和加工特性；③提高农作物抗病虫害的能力；④提高果蔬产品的耐储存性和保鲜期；⑤改善发酵食品的品质和风味；⑥改良动物性食品的品质。

转基因食品在人们生活中起到的积极作用是有目共睹的，但人们对于转基因食品的安全疑虑确也客观存在。对DDT这种化学物质所含雌性荷尔蒙化学合成物质的认识，是在它对人体和环境造成了难以挽回的恶劣影响整整60年后才意识到，那么转基因食品的危险性要过多少年才会显露出来一样不得而知。转基因食品对人体的安全性问题主要涉及四个方面：自然生物毒素有可能“转入”新物体内；基因改造过程中也可能“携带”毒素；基因编码改变可使无毒物变有毒，编码基因发生改变的后果就是编码产物的改变，这种改变经常导致整个产物性质的根本改变，可能使原本无毒无害的产物变成了有毒有害的物质；加工、食用环节同样存在难以预测的变化进而可能产生毒性。

另外，转遗传基因的动植物，在投入使用后对生态环境的影响也是难以预测的。人为强制性地造成遗传基因转换的物种闯到自然界，如使用抗生素的物种通过食物链传播给其他物种，影响其抗生、免疫能力；转基因植物传播到种植地以外与野生物种杂交形成新物种干扰生态系统，进一步影响到人类。20世纪末，在美国和日本出现了5000～1万的病人，他们的症状都是全身肌肉异常疼痛，服用止痛药也无济于事，有的还咳嗽、皮肤瘙痒发疹，最后研究发现是1980年末被美国称为“健康食品”的通过遗传基因变组产生的色氨酸惹的祸。

转基因食品对人体健康究竟会存在怎样的威胁目前还没有定论，出于对环境安全和生命健康保护的考虑，包括中国、欧盟各国、日本在内的三十多个国家，从1996年起陆续制定了对转基因食品明确标签的强制性法令，由消费者在已知的情况下自主选择，即自己决定是否愿意接受转基因食品的潜在风险，确保消费者的知情权，并鼓励消费者选择非转基因的产品。

转基因食品

九、拒绝食用燕窝、鱼翅

鱼翅和燕窝作为高级补品，在古代只有皇家贵族才享用得起，而现在，它们已进入寻常百姓家。然而，鱼翅和燕窝的功效真如媒体所宣传的那么神奇吗？

首先看鱼翅。鱼翅一直被认为是一种高级营养品，然而真相却是，鱼翅是取自鲨鱼等软骨鱼类鳍中的软骨，主要成分为胶原蛋白。

鱼翅本身并没有什么味道，鱼翅汤的美味主要来自它的配料。从营养学的角度讲，鱼翅并不具有特殊的营养价值，胶原蛋白就是一种极普通的蛋白质。胶原蛋白质缺少色氨酸和半胱氨酸，是不完全蛋白质，营养价值

并不高，猪皮里就含有不少。至于对关节韧带及皮肤健美的好处，并没有人们期待的那么神奇，总的营养价值跟鱼冻或肉冻大体排在同一档次上。

鱼翅有没有药用价值呢？从古至今，极少有医学典籍论及鱼翅的药效，中医如此，西医亦然。除了有一定美容作用外，其他都属推测。比如，曾有鲨鱼不生肿瘤，因而鱼翅可能防癌的说法流行一时，但并没有确切的证据。因此，鱼翅的保健价值与其近乎天价的价格之间存在的距离太悬殊了。“鱼翅热”只助长了奢华和崇尚虚荣风气的弊端，没有多大实际意义。

特别要提醒的是，鲨鱼是海中霸王，海中的多数生物都可以成为它的美味佳肴，而各类鱼虾体内的有害物质自然都汇集到它身上。最近，泰国有关专家对进口的一些鱼翅进行了检测，发现这些鱼翅中含有大量的重金属汞，这是因为工业废水不断地排入海洋，使得海水中重金属含量较高，并进入海洋生物体内，而鲨鱼处于海洋食物链的顶端，吞食了其他鱼类后，食物中的重金属也随之进入鲨鱼体内，积累下来，因此鲨鱼体内的重金属的含量会越来越多。吃了鱼翅后，水银和其他重金属进入人体，能损害中枢神经系统、肾脏、生殖系统等。因此，滥食鱼翅有招致汞中毒的风险。

同时，捕杀鱼翅的过程非常残忍。因为鲨鱼肉价值很低，渔民捕捉到鲨鱼后，只割下鲨鱼的鳍而舍去鲨鱼肉，把鲨鱼身体抛回海里以便留下船上空间存放鱼翅，这些没有鱼鳍的鲨鱼在海里无法游动，要么窒息而死，要么成为其他鲨鱼或别的动物的食物。供应鱼翅市场需求是捕杀鲨鱼的主要原因。联合国曾估计每年有1000万条鲨鱼被捕杀。实际情形可能比这严重得多。据2006年英国伦敦帝国学院的一项研究，每年有3800万条鲨鱼因为鱼翅市场的需求而被捕杀。而且鱼翅市场在不断扩大，据估计鱼翅需求每年增长5%。

燕窝又如何呢？虽被尊为养颜美容、延年益寿的珍品，其实也没有多少特别之处。所谓宫燕、毛燕和血燕，都是不同的金丝燕的巢。如爪哇金丝燕巢几乎全部由唾液组成；灰腰金丝燕巢则含有10%左右的羽毛；而棕尾金丝燕生存环境里有较高的氧化铜，被吃的昆虫体内含铁分又较高，因而分泌物呈浅红色，这就是人们极为推崇的血燕。

燕窝

燕窝究竟有多少营养？燕窝的主要成分是风干的金丝燕的唾液，再加上一些海藻、绒羽及植物纤维。风干的金丝燕的唾液成分主要有酶、黏液蛋白、碳水化合物及一些盐。这些东西，在其他动物的唾液中也可以找到，根本没有任何神奇之处。

我们再看看来自国际权威药品的化学鉴定：含水分10.4%，含氮57.40%，脂肪微量，无氮提出物22%，纤维1.40%，灰分8.70%，数种蛋白质共计18.20%。单就蛋白质而言，牛肉含量20.1%，鸡肉则为23.3%，都胜过燕窝一筹。而且燕窝中的蛋白质多为人体难以吸收的不完全蛋白，相比之下营养价值更要低一等。

至于药理作用，专家认为，燕窝中真正有效的成分是微乎其微的，且不易提取，只有找出有效成分，进而合成，才有可能对疾病发挥积极作用，但我国的医学技术，很难完成这样的高要求操作。另外一些专家也提出，燕窝含有的营养成分并不丰富，不过容易消化，因此适于病人食用而已。总之，燕窝可吃，但于养颜美容、延年益寿的作用不大，称其为滋补精品，其实只不过是一个愚人的神话。

在中国文化中，燕窝被看成是一种滋补的珍品。由于这个无稽的认识，燕窝变成了一种昂贵的商品，并支撑了一条从采集、加工到消费的产业链。因为这个错误的认识，东南亚沿海自然生态中的金丝燕受到了人为

毁灭性的打击。

其实，燕窝作为一种食物，并没有给我们人类带来任何独特的东西。它提供的那点营养价值，完全可以被价格低很多的鸡蛋、牛奶和肉取代。

所以，无论是从经济的角度，还是从生态的角度，我们都不应该食用鱼翅和燕窝。

十、远离食品中的合成色素

色彩鲜艳的食品使人赏心悦目，还可以增进食欲．所以人们制作食品特别是儿童食品时，常使用食品添加剂——食用色素。我国目前使用的食用色素分为两大类：食用天然色素和食用合成色素。

合成色素即人工合成的色素。合成色素是用化学方法从煤焦油中提取合成的。自19世纪合成色素问世以来，由于成本低廉、色泽鲜艳、着色力强、使用方便，又可任意调色，已成为我国现阶段最主要的着色剂。但是合成色素不仅没有营养价值，大多数还对人体有害，主要是轻微毒性、致泻作用还有致癌可能。这些毒性源于合成色素中的砷、铅、铜、苯酚、苯胺、乙醚、氯化物和硫酸盐，它们对人体均可造成不同程度的危害。有资料证实，用于人造奶油着色的奶油黄，可以使人和动

食品中的合成色素

物发生肝癌，儿童多动症就与食用含有橘黄色素的食品饮料有关。

我国1982年就公布了《食品添加剂使用卫生标准》，其中规定了只能使用5种合成色素，并定出了最大使用量，如合成色素的纯色素含量不得低于85%～99%，1千克合成色素中砷的含量应在1毫克以下，铅在10毫克以下，铜在20毫克以下，每100克色素中，苯酚不应超过5毫克，苯胺不应超过4毫克，各种氯化物不应超过0.5%等，这些规定是为了限制色素中的杂质，以减少对人体的毒害。

目前我国允许使用的合成色素有苋菜红、胭脂红、柠檬黄、日落黄和靛蓝。它们分别用于果味水、果味粉、果子露、汽水、配制酒、红绿丝、罐头，以及糕点表面上彩等。这些合成色素的确把食品表面装扮得格外惹人喜爱，但是，合成色素禁止用于下列食品：肉类及其加工品（包括内脏加工品）、鱼类及其加工品、水果及其制品（包括果汁、果脯、果酱、果子冻和酿造果酒）、调味品、婴幼儿食品、饼干等。

我国规定在婴儿食品中禁止使用任何色素，但是在儿童食品中，着色是非常普遍的现象，许多食品中的人工合成色素的含量甚至超过国家标准，对孩子的健康危害很大。家长在为孩子选择食品时要把好关，多为孩子的健康着想，尽量挑选不含合成色素的食品，以限制色素的摄入量。

天然色素

天然色素是从植物、微生物、动物等的可食部分用物理方法提取精制而成的，安全性好，价格相对合成色素高，果蔬中的色素有的还具有很高的营养价值，如胡萝卜素是维生素A源，是重要的营养成分。

天然色素主要有红曲红、辣椒红、栀子黄、姜黄等。近年来，天然色素应用技术发展很快，如红曲红用于火腿肠、午餐肉的着色等，辣椒红用于饼干喷涂，栀子黄用于方便面着色，姜黄用于酸奶着色等。许多高档食品都采用食用天然色素着色，一些发达国家更是完全禁止在食品中添加合成色素。

提倡采用天然色素，对保护儿童健康的意义很大。应用天然色素是世界的大趋势。既要赏心悦目，也要绿色健康，让天然色素重新成为时尚。

第四章

家居消费我低碳

一、低碳家居的感觉

冬日的寒冷天气令人无奈，然而走进低碳体验房却能感受到一股热风扑面而来，据称由于这样的房屋采用了地源热泵供热，能够常年保持20～26℃的室温。与空调制热所不同的是，地源供热没有让人感觉到室内各个区域有明显的温差。而在温暖的室内，也并没有感到闷热，房间地板上都有一个条形的白色通风口，室内换气系统通过设置在地板上的新风入口，将经过加湿处理的自然空气注入室内，向室内输送新鲜空气，浑浊的气体则是借助厨房卫生间的出气口排出。即使在室内抽烟，也不会导致室内空气浑浊。

从当前一些开发商持有的观点来看，目前多数的节能低碳住宅都是以增加一定的成本为代价的。根据其内部的统计，对比未增加节能减排技术的住宅，低碳住宅可节电50%，节水20%以上，但在开发过程中，成本增加的幅度在5%～8%，若开发商将此部分成本转移至购房者身上，则购买此类产品的价格可能会稍贵。但招商地产有关负责人则表示，低碳开发完全可以实现比普通住宅更低的成本，目前招商地产已经在一些项目的改造中实现了这一目标，通过减少施工中材料的浪费和能耗，在无锡开发的项目都显著减少了开支。

低碳住宅的主要目标之一，就是减少使用成本开支，如水费、电费、物业管理费等，因此，低碳住宅比普通住宅使用成本更低是没有疑问的，否则，就失去了节能的意义。

在早期的房地产销售过程中，不少以节能为卖点的住宅价格是高于普通住宅的，但是购买者仍然愿意去购买，看中的就是其更低的使用成本，能够将购买时多付出的成本弥补回来，还能有盈余。以朗诗国际街区为例，由于采用了节能措施，在最热的7、8月和最冷的11、12月，如果按

单位面积来算，科技住宅的系统运行费为1元/平方米，与常规分体空调相比，单位面积耗电量和运行费用均可节约50%。整个节能系统的维护，每平方米每个月只需要1元。按一个137平方米的住房计算，一年的维护成本1644元，而使用空调、热水器等，一年的成本就在4000元以上。

有关业内人士认为，低碳住宅只是一个相对的概念，而哪些住宅的二氧化碳排放控制更好一些、开发商和使用者的节能意识更明显一些，这一因素是有可能控制和改善的，这就使高碳住宅也可以转化为低碳住宅。因此，购房者既可以通过一些基本的指标来鉴别新住宅，也可以通过自身的一些改变，将所在小区或者自己的家变为相对的低碳住宅社区和单元。若购买新商品房，可优先选择一些倡导节能企业所开发的产品。

目前不少大型的企业，如朗诗地产、万科地产、招商地产、路劲地产、华润置地等都在这些方面进行了探索，环保节能的元素越来越多，比如社区的雨水收集系统、太阳能系统、恒温恒湿技术、产业化集成建材住宅、原生态社区绿化等。

加拿大的太阳能社区

而对当前不断攀升的房价，一些专家甚至提出以低碳平抑房价的观点。日前在广州举办的“第六届中外绿色地产论坛”上，全国工商联房地产商会会长聂梅生表示，当前房地产业唯一的出路就是走上绿色低碳型地产的发展之路，通过减碳可节约费用近万亿元，这样也就给了老百姓很大的让利空间。业内人士认为，未来国家政策或许会向实施绿色低碳标准的项目倾斜。比如，以减碳指标来进行资源配置；设置不同的税费征收标准；改变以单纯“价高者得”的土地出让办法。这些都有利于平抑地价和房价。房地产行业实施低碳战略后，购房者获得的好处是住得更健康，用得更省钱，以形成供需双方的良性循环。

在低碳新概念的背后，低碳住宅往往有着高出一般住宅至少10%的高成本造价，这些额外成本最终会转嫁到哪里不言而喻，只是，消费者愿意为低碳住宅埋单吗？

英国的“零碳馆”

太阳能板做的屋顶，绝热材料建造的墙壁，荧光涂料附着的墙体表面，循环利用的节水系统……上海世博会上，来自英国的“零碳馆”一时间风光无限。在东莞市面上，大量打着低碳旗号的家居产品也层出不穷。到底低碳家居离我们有多远呢？

通过走访多家家居卖场和装饰城发现，目前真正的低碳家居产品尚未普及和推广，只停留在概念上。大多数产品只是借着低碳经济的东风，开展概念营销。不过，业内人士均认为，低碳家居是未来家居生活的大势趋，市场前景看好。

东莞的家具业发达，低碳概念风生水起，东莞企业自然不会甘落人后。在2010年3月的第23届东莞名家具展上，竹家具及竹材应用的主题展备受瞩目。

名家具俱乐部常务副秘书长王猎介绍，在全球气候变化背景下，低碳经济和高附加值的创新型产业呼之欲出，由于竹本身具有生产周期短、循环生长、环保等特点，在国际提倡发展非木质材料的潮流中，竹质材料及竹家具是最佳选择之一，东莞已有企业将目光转向这一领域。

东莞金富轩家具董事文端军在接受采访时说，东莞的不少厂家已经在关注低碳家具。实木一直是制造家具的传统材质，随着低碳概念的普及，速生木材制造的实木家具可能成为低碳一族的首选。台升环华运营总监石达称，他们生产的实木家具早已包括低碳的概念，现在产品已远销欧美市场。

装饰建材市场上“低碳”正逐步成为新宠。走访一些建材市场，“低碳地板、低碳瓷砖、低碳石材”等字眼时不时出现在人们眼前。而一些如“甲醛超标全额赔款”、“无辐射、无污染”等广告标语也随处可见。商家打出“低碳环保”的广告，就是想吸引更多的人，抢占市场份额。

一位地板品牌经销商坦言，现在节能环保建材正是迎合市场发展的潮流产物。以地板行业为例，以前人们购买地板只是凭借自己的喜好挑选颜色，现在人们选择地板的要求高了许多，要看甲醛的含量标志，要买有绿色环保认证的产品。在“低碳地板”的广告效应下，确实吸引了不少顾客目光。“低碳”已成为不少商家的一大卖点。

不少瓷砖品牌也推出了低碳的口号，称瓷砖在原材料上选自天然黏土，而烧制工艺更加符合低碳要求，成品比原来的设计更薄，实现低耗能和低原材料消耗。

二、住宅首选——低碳住宅

绿色住宅是全方位的立体环保工程。21世纪，绿色环保楼盘必将大受欢迎。目前，已经有不少楼盘打出了绿色环保标志。那么，在选购绿色住宅时应从哪些方面考虑节能问题呢？

低碳住宅

买房一定要选购节能房屋

如果买房一定要选购节能房屋。目前，中国的房屋建筑面积超过400亿平方米，已超过所有发达国家，但在每年近20亿平方米的建筑竣工面积中，只有五六千万平方米是节能建筑，仅占全部的3%左右。目前北京市一般住宅的采暖能耗基准数是25千克左右标准煤，而在气候条件相似的德国，其新建房屋的采暖能耗已从20世纪70年代的24～30千克标准煤降到现在的4～8千克，这种差距是令人深思的。

不过，现在中国的节能建筑已经越来越多，这很值得期待，同时也为国人提供了日益广阔的挑选空间。

如果要购房，要优先选购使用环保性建材的房屋。环保建材，即绿色建材装饰材料要满足以下几个要求。

(1)可增强房屋的保暖、隔热、隔音功效。

(2)基本无毒无害，天然，未经污染，只进行了简单加工的建材。如石膏、滑石粉、砂石、木材、某些天然石材等。

(3)低毒、低排放，已经经过加工、合成等技术手段来控制有毒、有害物质的积聚和缓慢释放，其毒性轻微，对人类健康不构成危险。如甲醛释放量较低、达到国家标准的大芯板、胶合板、纤维板等。

(4)目前的科学技术和检测手段认定是无毒无害的。如环保型乳胶漆、环保型油漆等化学合成材料。

常见的环保建材

(1)环保地材。比如现在有一种新型的环保砖，采用发电厂排出的飞灰为主要原料，在防水、隔热、隔音和耐震强度上的效果均超过了一般红砖。另外，还有一种木屑制砖，该砖的重量只有普通砖的一半，但强度却是普通砖的两倍，保暖、隔音性能很好。此外，植草路面砖是各色多孔铺路产品中的一种，采用再生高密度聚乙烯制成。此砖可减少暴雨径流，减少地表水污染，并能排走地面水，多用在公共设施中。

(2)环保墙材。有一种加气混凝土砌砖，可用木工工具切割成型，用一层薄沙浆砌筑，表面用特殊拉毛浆粉面，具有阻热蓄能的效果。

(3)环保管材。塑料金属复合管，是替代金属管材的高科技产品，其内外两层均为高密度聚乙烯材料，中间为铝，兼有塑料与金属的优良性能，

而且不生锈，无污染。

(4)环保照明。能节约电能、保护环境，能利用高效、安全、优质的照明电器产品，创造出一个舒适、经济、环保的照明环境。

(5)环保墙饰。草墙纸、麻墙纸、纱绸墙布等产品，具有保湿、驱虫、保健等多种功能。防霉墙纸经过化学处理，排除了墙纸在空气潮湿或室内外温差大时出现的发霉、发泡、滋生真菌等现象，而且表面柔和，透气性好。

丝绸墙布

(6)环保漆料。生物乳胶漆，色彩缤纷，有清香味，可以重刷或用清洁剂进行处理，还能抑制墙体内的真菌。

选择采光好的房屋

住宅采光设计科学，利用自然光较好，有益于居住者的身体健康和提升生活质量，且能节能。不但可减少照明用电，也可降低因照明器具散热所需的空调用电。

那么，什么样的房子能更好地利用自然光源呢?

(1)有大面积的玻璃、明厅、明卫、明厨的房子。这样的房子就能很好地利用自然光源，节约大量的电能。

采光好的房屋

(2)大开间、小进深的房子。窄面宽、大进深是许多开发商节约土地资源、增加利润的重要手段，但这样的住宅难免会以牺牲一些房间的采光为代价。一般大开间小进深的房子可以更好地利用自然光源。

(3)会客区安排在临窗位置的房子。白天，人大部分的时间都在会客厅待着，如果会客厅靠近窗户，就可以利用自然光而不必开照明灯。

选购利用太阳能的房屋

如果选购利用太阳能的房屋，就能够免费用热水、免费用电。

选购安装太阳能热水器的房屋

现在有些房地产公司为了增加卖点，在建房时会自主为居民安装太阳能热水系统。目前国内安装的太阳能热水系统一般都采用真空集热管的太阳能热水器，主要用于提供居民的生活洗浴用热水。

选购利用太阳能发电的房屋

1973年，美国能量转换研究所建造了世界上第一座太阳能房屋。这所房子的屋顶能吸收太阳能，然后再把太阳能转化成电能，以满足房子的照明及其他用电设备的用电需求等，还可用电池储存多余的能量。四川的一家公司研制的太阳能房屋，屋顶被设计成中间平整、四面倾斜的形状。在屋顶的四面分别安装太阳能装置，屋顶正中间的平整的地方也安装上一面太阳能装置。五面巨大的太阳能装置源源不断地吸收太阳的能量，功率达5千瓦，一家人用电绰绰有余。神奇的是，这些电除了给水加热供洗澡之外，还可以照明、洗衣服，只要有电的地方就能用得上。这样的房子根本不用担心电费，中央空调可以保持恒温、恒湿。此外，业主根本不用担心停电造成影响，

太阳能房屋

每天，屋顶的太阳能会把阳光能量主动储存下来，即使接连阴雨两三天，也不用担心断电造成家里一片漆黑。

如果您要买房，可以尽量选购太阳能房屋，这样的房屋省了电费。

如果您是别墅居民，也应该考虑将房屋改造成太阳能房屋。

如果您是公寓楼楼顶用户，也可以考虑在屋顶利用太阳能，比如放上太阳能热水器，安装太阳能发电设施，利用太阳能发电等。

如果您是农村居民，要盖新房，就要考虑盖太阳能房屋。如果您想改造房屋，也要考虑将房子改造成太阳能房屋。

在房屋上或院落内利用风能

风力发电没有燃料问题，也不会产生辐射或空气污染。风力发电正在世界上形成一股热潮。目前，风力发电在芬兰、丹麦等国家很流行，我国也在西部地区大力提倡。

目前，如果想购买利用风能的商品房还不太现实，但是，如果您是别墅居民，可以考虑在屋顶或院落内安装风力发电机。

如果您是公寓楼楼顶用户，也可以考虑在屋顶上安装风力发电机。

如果您是农村居民，如果当地风力条件较好，就可以考虑在屋顶或院落内安装家用风力发电机。

风力发电机又称风车，是将风能转换为机械能的动力机械，它是以太阳为热源，以大气为工作介质的热能利用发动机。小型风力发电系统效率很高，它包括风力发电机、充电器和数字逆变器。风力发电机由机头、转体、尾翼、叶片组成，每一部分都很重要。各部分功能为：叶片用来接收风力并通过机头转为电能；尾翼使叶片始终对着来风的方向从而获得最大的风能；转体能使机头灵活地转动以实现尾翼调整方向的功能；机头的转子是永磁体，定子绕组切割磁力线产生电能。风力发电机因风量不稳定，故其输出的是13～25V变化的交流电，须经充电器整流，再对蓄电瓶充电，使风力发电机产生的电能变成化学能，然后用有保护电路的逆变电源，把电瓶里的化学能转变成交流220V市电，才能保证稳定使用。

家用风力发电机一般包括发电机、回转体、尾翼杆、尾舵、风叶、风叶压板、法兰盘、风帽、底座、钢丝绳、电缆、支架、充电控制逆变器等设备，有时还需要另购蓄电池。

目前，由深圳诚远公司研发的便携式风力发电机可广泛应用于野外旅游探险等领域，可随处随时发电，方便快捷！其总重量不超3kg，只要有3级左右风速就能正常发电100W左右！

选购利用地热能的房屋

如果当地有利用地热能的商品房出售，您可以优先考虑选购这种节能房屋。

地热能是可再生资源。地热能来自地球内部的熔岩，它以热力形式存在。运用地热能最简单和最合乎成本效益的方法就是直接取用这些热源，并摄取其能量。

地热能的利用可分为地热发电和直接利用两大类。

据美国地热资源委员会1990年的调查，世界上18个国家由地热发电，总装机容量5827.55兆瓦，装机容量在100兆瓦以上的国家有美国、菲律宾、墨西哥、意大利、新西兰、日本和印尼等。中国的地热资源也很丰富，但开发利用程度很低。我国的地热资源主要分布在我国的云南、西藏、河北等省区。

地源热泵技术是一种高效节能的可再生能源技术，近年来日益受到重视。目前，我国除青海、云南、贵州等少数省区外，其他省区都在不同程度地推广地源热泵技术。目前，全国已安装地源热泵系统的建筑面积超过3000万平方米。据不完全统计，截至2006年年底，中国地源热泵市场年销售额已超过50亿元，并以20%的速度在增长。

选购利用中水的房屋

中水又称再生水、回用水，是相对于上水、下水而言的。中水是对城市生活污水经简单处理后，达到一定的水质标准，可在一定范围内重复使

用的非饮用水。中水可用于冲洗厕所、洗车、绿化用水、农业灌溉、工业冷却、园林景观等。

现在有些绿色住宅能把污水变成中水，或者在设计时把洗手池的水直接通向厕所，这样洗衣服、洗菜的水就可以用来冲厕所，可以节约大量的水资源。

选购房顶绿化的房屋

目前，已经有商品房进行了屋顶绿化，购房时可优先考虑。

如果是别墅业主或农村居民，可以改造屋顶，自行绿化。

屋顶绿化对房子有许多好处。

(1)美化环境，改善和提升生活的环境质量。

(2)吸附大气浮尘，净化空气。

(3)保护建筑物顶部，延长屋顶建材使用寿命。

(4)冬暖夏凉，夏季可降低室内温度，冬季又能增加室内温度。改善城市的热岛效应，有助散热。

(5)降低城市噪音。

(6)增加空气湿度，净化水源。

(7)提高国土资源利用率。

(8)可降低顶层温度，减低耗电量。

绿化房顶

(9)绿化用的泥土、隔滤层可以使用建筑废料，物尽其用。

(10)调节雨水流量。

(11)屋顶甚至可以用来种植农作物，提供食物。

屋顶绿化要考虑的技术要素如下。

(1)防止渗水。

(2)防止根部生长到建筑物。

(3)确保植物能承受风力。

(4)植物的品种能否适应长期暴晒的环境和该城市的气候。

(5)如何打理植物：提供营养、灌溉排水、防治害虫。

三、装修，把低碳理念落实到细节

家装不仅体现在家装设计的环保、装修材料的环保，还体现在装修施工各环节。而要真正实现绿色、自然、健康的低碳生活，设计和选材是两个很重要的因素。

从设计上，就是要科学设计，提高室内采光和通风，降低电灯的使用率，从而节约能源。从材料上，施工应采用不含毒性材料，尽量减少有害气体排放。

低碳装修包括智能照明、节能洁具、厨房垃圾处理、环保整体家装、环保设计等，当然更重要的还有业主的使用习惯，这也是低碳生活的一种。

设计师吴先生对低碳装修有自己的理解。他认为，利用合理的设计，把风、景观和光巧妙引入房间，让人与自然能充分接触的节能才算得上是高品质的低碳生活。

普通消费者该如何选择低碳家具？

一闻。进入家具卖场，首先就要闻一下家具的气味是不是有甲醛的味道，这是最直观的方法。不环保的家具一闻就知道了，而一般纯实木家具的味道应该是木材清香的原味，且环保家具一般采用水性漆，也是没有刺鼻味道的。

二看。一般实木家具肉眼都能看出来，木材的纹路显得比较自然。此外除了看家具的材质外，还要看看商家的各种证书，是否拥有通过国家环保认证的标志。

三听。消费者还可以用手敲一敲家具，如果是实木材质的，声音与其他材质的有区别。

上海世博会为低碳热潮再添一把火，不仅展示了先进的科技、文化、时尚，也引领了低碳生活的潮流。未来家居生活如何低碳化？低碳是否会增加企业成本？这都是值得我们思考的问题。2010年5月18日，《新京报》特举办“世博低碳舒适家居”研讨会，就相关问题展开讨论。

低碳并不意味着高投入和高价格，而是从设计、技术上走低碳道路。在家装方面，减少浪费也是降低能耗的表现，比如整合资源，节约人力、电力和运输成本等。领先的科技和新产品研发需要成本，所以价格可能会高于其他产品，但不是所有的东西都这样来评判。有的材料要付出钱的代价，但有的只要你有环保的意识就能做到低碳。

不是花钱多才能实现低碳。我们主要从材料和工艺来实现低碳的目的。比如最环保、最低碳的材料是纯棉、麻，成本低，价格比化纤的便宜，也不会觉得降低了生活品质。

现在很多材料商都抓住了低碳做由头，或者因为高科技使得成本随之上升。为此消费者的接受程度也不尽相同。企业有责任引导消费者，让他们知道低碳的内涵在哪里，不见得要多花钱。我们要想办法用好的工艺来做到低碳，节约成本。

低碳装修

四、材料、设计、施工全面低碳

在家居生活中合理利用废旧物品对于营造低碳的生活环境同样意义重大。比如，将喝过的茶叶晒干做枕头芯，不仅舒适，还能帮助改善睡眠；用废纸壳做烟灰缸，随用随扔，省事且方便。这些毫不起眼的废物经过简易的DIY，都可以变废为宝，既让自己的家变得更环保、更温馨，又充满实现创意的欢乐。

低碳家居生活的核心是节能，但是这里的节能并不意味着要牺牲居住的舒适度。其实低碳生活是一种态度，就是在对我们生存环境影响最小的前提下，让人的身心处于舒适的状态。比如，利用太阳能等可再生能源进行照明和供暖，或是提高建筑本身的隔热性能，在自然通风的条件下，把室内温度调控到一个合适的水平。

尽量减少不必要的房屋内部结构改造，在装修过程中不再堆砌一些吊顶、壁柜及昂贵材料打造的繁复装饰等将空间装满，而是更讲究空间布局、功能设置等。注重装修和装饰的区分，同时也会利用实用的家具与恰到好处的装饰品表现主人的个人风格和情趣。

家居行业的原材料在采集、生产制造和运输时都需要耗费大量的能源，比如木材，越是名贵木材就要付出越多的种植、采集成本，也越是与低碳理念背道而驰。

于是，如今家装设计吹起一股“天然风”，并非只为了迎合田园式、乡村式的风格，而是出于对自然环境的保护，建议业主在选择木材、棉花、金属、塑料、玻璃、藤条时，要尽可能地使用可循环利用的材料。另外，多使用可再生性强的竹制、藤制家具，从而减少对森林资源的消耗。

低碳节能理念深入人心，绿色装修引起人们的关注，居家生活健康成为首要前提。提倡绿色环保的家居世界，因本身就是资源消耗型行业，原

材料采集、生产制造和运输耗费能源巨大，那么，我们怎样才能真正做到低碳的家居生活呢？

首先，在装修设计理念上，要把隔热保暖放在第一位，这样，夏天可迟开电扇和空调，即使是开，也没有那么费电；而在阴天较多、天黑较早的春秋冬三个季节，可推迟开灯时间，或者减少开灯次数。其次，在装修时，尽量使用具有节能环保功能的物品，比如节能灯具、太阳能热水器、节能炉灶、环保抽油烟机、隔热玻璃等。同时，少使用需要花费很多钱和精力去打理的材料，例如实木地板、高档地毯等。因为实木地板的漆面容易划伤，主人只好定时上蜡，而制蜡是要耗费能源的，高档地毯是要使用清洁剂和吸尘器进行打理的，能耗当然高。

竹制、藤制家具

再次，使用家具和电器要与住房面积相匹配，不可超过面积太多。就说电器吧，空调的风量与房间面积要协调，不能超过面积太多，造成耗电太多；洗衣机的功率要根据家里的人口进行购置，不可过大，否则费电太多；电视机屏面要依据客厅和房间的面积大小来购买；购买取暖器要反复论证咨询，寻找最节电和热效率高的产品，同时尽量控制使用，比如，睡觉前可打开空调或电暖气，让房间的温度升上来，睡觉时把电器关掉，依靠热水袋取暖，效果一样很好。而一天24小时使用的天然气取暖器则不倡导使用。最后，房间的面积大小要与家里常住人口相匹配。住房面积不是越大越好，如果偌大的住房家里只有3人居住，不论是夏天

实木地板

开空调还是冬天取暖，显然会造成能耗过高，浪费宝贵的能源。有人也许会说，我没有白用，我是按标准缴费的，但是，造成能源过高消耗是不能用钱来抵消的。

 五、低碳的简约装修

如今装修几乎成了麻烦的代名词，为装修风格发愁，为选材发愁，为超支预算发愁。如何才能既节约银子，又实现绿色健康装修呢？

简约节能才是潮流

年轻的媒体工作者曹先生一向比较注重环保，他的新房装修风格一切讲究简洁随意、舒适环保，灯具越少越好，吊顶越简单越好，不必要的装饰墙能不做就不做，板材越环保越好。98平方米的房子，他最终将装修费用控制到了4万多元。但是他使用了一些巧妙的装饰，比如艺术化的彩绘墙、巧用家具进行空间隔断、造型独特的环保灯等，让房内环境看起来依然很有情趣。

过去一些经济条件好的客户喜欢讲究豪华装修，现在消费者观念开始有了转变，不少家庭开始减少硬件装修的投入，注重居室的软装饰。开始有客户主动提出，拒绝奢华家装，改走简约路线。以自然通风、自然采光为原则，减少空调、电灯的使用概率，节约装饰材料，节约用电，节约建造成本。

简约节能

随着现代人对家庭居住环境舒适程度的要求日益提高，家庭装修也由以前的终身制演变成现在的过上一定年限就重新装修一次。与其大动干戈地进行奢华装修，不如简约装修，花小钱做出大效果，还能减少二次装修造成的损失。

简约装修有妙招

可采用局部吊顶。过去家庭对天花板吊顶的装饰是非常重视的，必须是全部吊顶，而且要豪华大气，用欧式琉璃大吊灯等，似乎只有吊顶才能彰显主人的身份。现在我们完全可以让天花板简简单单，不再做复杂的吊顶，减少不必要的消耗。这样就可以保证有足够的层高来舒展生活空间。如果觉得天花板没有装饰过于单调，那么就给它刷上喜欢的颜色。另外，使用简洁的灯具也是如今的时尚。

(1)多用自然采光。节能低碳的装修要提前从设计入手。节能首先要想到节电，设计中最大化增加房屋的自然采光率，尽量减少电灯的使用率。比如多使用玻璃等透明材料和镜子，尽量采用浅色墙漆、墙砖、地板等，减少过多的装饰墙，这样可以增强居室的自然采光。

(2)注意使用节能灯具。在增大自然采光的同时还要注意采用节能灯具，比如LED灯。除了要选择节能型灯具外，装修时还可选择有调光功能的开关，实现有效节能。客厅内尽量不要选择式样太过繁杂的吊灯；卫生间最好安装感应照明开关。另外，尽量选择节能的家用电器，合理设计墙面插座。

(3)巧用家具作隔断。东易日盛设计师薛东建议，简约装修要遵循“少改动、少修饰”的原则。即使房间结构存在很多问题，也不要大规模改动。消费者可以和设计师多沟通，用其他办法解决或弥补。房间中少用隔断等装饰手法，尽量用空间的变化来达到效果。如果一定要使用隔断，尽可能将其与储物柜、书柜等家具合二为一，减少其独立存在的机会，增大室内空间。另外，减少隔断的设置，还可以加速室内空气流动，减少空调、电扇等家用电器的耗能。

(4)电视墙可以更简单。以前电视墙装修很受重视，被看作客厅的面子工程，又是做柜子，又是贴文化石等。现在随着壁挂电视的发展普及，电视墙也完全可以更简单了。做个手绘墙，贴个壁纸什么的，也完全可以做到美观时尚。

节能灯宣传广告

(5)不要扔掉老家具。如果在装修过程中大量制作不可重复利用的固定家具，肯定会大量增加耗材。固定家具不易拆换，成品家具可以灵活挪动和反复使用。旧家具的重复利用也可以降低能耗。在决定扔掉老家具的时候仔细想想，并环顾一下你的新家。也许只要将它稍加修饰和改变，就能成为你家中超级现代的东西，更何况它可能是家中幸福生活的见证。

低碳当道，家居变脸。从现在起，改改你的“电动依赖症”吧。多数人或许并不知道，电动电器在生产和使用过程中会消耗大量高含碳原材料及石油，变相增加了二氧化碳的排放。

改走简约设计风。室内设计以自然通风、自然采光为原则，减少使用风扇、空调及电灯的概率。通常，在整个建筑的能量损失中，约50%是在门窗上的能量损失。中空玻璃不仅把热浪、寒潮挡在外面，还隔绝噪声，降低能耗。小户型无论在节约建筑材料、节能节电、建造和使用成本等方面都优于大户型，碳排放量也明显小于大户型。

收纳本领秀出来。静下心来把杂乱无章的书房收拾一下吧。布艺和地毯统统都拿走，散落的杂志都收进柜子里去，开放式的书架里不要放太多的东西。只要记得简单就好，简约风会使你的房间在不知不觉中就变得凉爽惬意起来。

2009年12月举行的丹麦哥本哈根峰会是一次环保的盛会，一夜之间把低碳概念传播到了千家万户，家装行业也不可避免地要成为低碳生活的先行者。

奢华、优雅、欧式、顶级、高贵……尽管每个人都对高档家装的效果羡慕不已，但眼前正在发生的事实却刚好相反，一股全新的家装理念正从世界的很多角落崛起。在经历了金融危机、气候恶化等诸多状况后，全球的家装设计行业正在不约而同地开始一场前所未有的反思：是不是该利用家装设计的语言告诉人们——生活，应该简单一点！

低碳经济家装

家居行业的原材料在采集、生产制造和运输时都需要耗费大量的能源，能够做到低碳、可持续发展的不多。北京某装饰首席设计师图孟认为，家装流行天然风的意义在于它对自然环境友好，他建议业主在选择木材、棉花、金属、塑料、玻璃、藤条时，要尽可能地使用可循环利用的材料。

在装饰材料的选择上，很多人并非不注重环保，而是容易陷入一些认识上的误区。有些家装设计师表示，在装修过程中，完全可以在一些不太注重坚固程度的地方使用轻钢龙骨、石膏板等轻质隔墙材料，少用黏土实心砖、射灯、铝合金门窗等资源浪费较大的材料，也可以从侧面降低家装工程的碳排放量。

一些家居配饰师也认为，在家居生活中合理利用废旧物品对于营造低碳的生活环境同样意义重大。

要让低碳生活变成触手可及的现实，仅仅在搞家装、买建材的时候留心是远远不够的，低碳生活要求每个人都要从节电、节油、节气这些身边的小事做起。事实上，这些低碳行为也会为我们的钱包省下不少钱。比如，一台5级能效的冰箱每天的耗电量接近2度，一台1级能耗的冰箱每天的最低耗电量只有0.4度，仅此一项，一年的电费差额就可以达到数百元。把一盏60瓦的灯泡换成节能灯，可以减少二氧化碳的排放量达四分之三。

在家装设计乃至现实生活中，很少有人意识到自己微小的节能行为到底可以产生多大的影响。据有关专家测算，2010年，全国2.7万亿度用电量中，照明用电量将超过3000亿度，如果全国有三分之一的白炽灯能换成节能灯，每年就可以省下一个三峡工程的年发电量。

低碳生活必须从身边的小事做起。低碳的概念看似遥远，其实就隐藏在人们的日常生活中，并且很容易就可以做到。在家装设计、施工等环节，低碳大有文章可做。

如果说一部电影《2012》唤醒了我们对地球变暖的忧患意识，那么哥本哈根召开的联合国气候大会则再次将减少温室气体排放推到了风口浪尖；而热映的3D特效电影《阿凡达》里美丽的潘多拉星球令人向往。犹如《阿凡达》所提示的，随着环境污染问题越来越严重，我们要从过去单纯强调以人为本的家居生活方式转变为人与自然和谐共处。

六、拒绝购买和摆设动植物工艺品

不购买野生动物制品

也许你不曾亲手屠杀过动物，但如果你购买了野生动物制品，就变成了间接屠杀者。许多野生动物是由于人们的商业性开发，认为其皮可穿、羽可用、肉可食、器官可入药便肆意捕杀，导致了部分物种的灭绝，如北美野牛、旅鸽等。

海狗因人类进补之需而遭横祸，血溅北极；藏羚羊因西方贵妇戴沙图什披肩之炫耀而暴尸高原；为出口日韩熊胆粉，至少7000头熊被囚入死牢，割开腹部抽取胆汁；为索取犀角而使犀牛陷入灭顶之灾。在为人类服务、合理开发利用的口号下，全球野生动物贸易额达100亿美元以上，与贩毒、军火并称三大罪恶。全球每年非法贸易灵长类动物5万只、象牙14万根、爬行动物皮1000万张、哺乳动物皮1500万张、热带鱼类3.5亿尾，对地球生态平衡起至关重要作用的野生动物都成了人们待价而沽、巧取豪夺的商品。

不购买野生动物制品

一些国际动物保护组织疾呼："没有买卖，就没有杀戮！"购买野生动物制品的举动，无异于鼓励谋财害命之恶行。你的买卖行为，会把动物推向绝境。

不购买珊瑚、玳瑁制品

珊瑚是海中森林，是许多海洋生物的家园，是海洋物种多样性和海洋生态平衡的保证；那些位于离岸几米远处未被破坏的珊瑚礁还可以有效阻止海浪的冲击，保护人类的海岸家园。珊瑚礁本身有自我修补的力量，死掉的珊瑚也在保护人类的生存环境。有许多人为了私利，砸下珊瑚卖钱，致使近海珊瑚群遭到严重破坏。我们呼吁，不要购买珊瑚。购买行为就是助纣为虐的破坏行为。

玳瑁是一种海龟，又称鳖，属海龟科玳瑁属。玳瑁是一种生活在热带深海底的爬行动物，它的寿命可达千年，是国际和国家重点保护的濒危野生动物。

佩带玳瑁饰品的嗜好是从皇宫流传到民间的，对玳瑁的杀戮也延续至今。成色较好的玳瑁手镯一般都有深红色的花纹，里面有一道道的血丝状红线。制作这种手镯的原料是活取的玳瑁角板。它是通过强烈击打活着的玳瑁，使之产生警觉张开角板，然后向其体内灌酒，使角板上的血色渗透出来，再向角板上浇沸水使角板变软，最后用醋洗角板表面，再迅速将整张角板剥下。生取玳瑁甲壳过程残暴至极！并非一些导游所称“像指甲一样自然脱落”。

玳瑁

人类最血腥的嗜好之一就是喜欢佩戴着其他生物身体的部分或皮毛作为饰物，堂而皇之地行走在这个众生共有的地球上。携起手来共同抵制珊瑚和玳瑁制品。

拒绝根雕制品

根雕艺术是选择和利用自然界中的树根、竹根、藤根等各种根材的自然形态，加以艺术和工艺处理而形成的一种艺术样式。根雕用料本来是取于自然中枯死的树根、竹根、藤根，但是由于根雕市场的形成，使得有人不断把活生生的树根挖掘出来制作根雕，达到近乎疯狂攫取的程度。

《中华人民共和国森林法》明文规定，禁止挖树根。树根有利于水土保持，滥挖树根将会造成大面积的水土流失。包括森林、公园和城市绿地等，所有地方，都不许挖树根。而且不仅是禁止砍伐活的树木获取树根，对于已经被砍掉的树，它们的根也是不允许挖的。如果确有需要挖掘，要先向林业部门递交申请，批准后方可适当采伐。因此，一般根雕需要的树根是无法在法规允许的情况下取得的。但实际上，私下的滥挖屡禁不止。“不少人直接到山林将鲜活的树砍掉后把树根挖回来，大

多数树木都是百年老树。更令人痛心的是，沙漠中的很多树木也成了这些人采伐的目标。沙漠缺乏水分，树木根系发达，具有观赏价值，偷挖这些沙漠树种将极大地加重土壤沙化速度。”环境专家指出，即使是死根也不能挖。挖掘树根会破坏植被和土壤，对自然生态环境造成毁灭性的破坏。

拒绝使用珍稀树种制品

近年来，收藏珍稀树种制成的家具已经成为一种时尚。一些人为追求奢华或增值，不惜花高价购买这类家具。他们或许并不知道，这种消费方式正在对大自然造成严重的破坏。

拒绝根雕制品

红木是明清以来对呈现黄红色或紫红色的优质硬木的统称，泛指花梨木、酸枝木、紫檀木等热带地区出产的珍贵木材。目前，市场上红木价格年年攀升，一双红木筷子上百元，一套红木家具数万元、数百万元，但仍有人购买。

我国的热带雨林资源非常有限，目前已经得到了较好的保护。市场上的红木家具用材大多是由东南亚和非洲、南美洲等地流入的。地球的生态系统是一个整体，任何地区热带雨林的砍伐都会破坏动物的栖息环境和整个地球的水气维持环境，造成整体的生态失衡。联合国粮食和农业组织2007年发表的《世界森林状况报告》指出，在2000～2005年间，世界森林面积以每年730万公顷的速度在减少，相当于两个巴黎的面积。全球的热带雨林正在快速减少。雨林是地球之肺，失去了肺的地球将不堪设想。保护雨林，保护珍稀树种，让我们从拒绝购买珍稀木材制品做起。

七、家居清洁用品的环境问题

目前家庭中普遍使用洗涤灵、洗衣粉、柔顺剂、强力除油垢污垢剂、杀菌消毒剂、洗发剂、沐浴液、空气清新剂（芳香剂）、杀虫剂等化学合成用剂和肥皂、香皂等。

合成洗涤用品的污染。餐具是人们每天都要使用和接触的生活用品，人们往往以为洗涤灵把餐具上的油污、脏物洗掉就可以了，其实这其中还有很多事情需要我们注意。目前家庭厨房餐具洗涤灵（剂）一般毒性不大，但残留的洗涤剂在没有完全清洗干净的情况下，其表面活性剂如链烷基、苯磺酸钠等，会对人产生低毒作用，会使舌头表面变得粗糙、味觉功能减弱，少量食入会伤肠胃，过多食入会导致中毒。刷洗餐具不要用化纤丝擦拭，最好用布或丝瓜瓤作刷洗餐具的工具。洗涤剂只能洗掉细菌，并不能将其杀死，相反它还极易感染细菌，许多细菌以洗涤剂作为营养加速繁殖。大多数洗涤剂都是化学产品，含大量洗涤剂的生活废水被排放到江河里，会污染水体。洗衣粉的主要成分是烷基苯磺酸钠，是属于毒性较小的物质，少量进入人体会对人体内多种酶类的活性起到强烈的抑制作用，还会破坏红细胞的细胞膜，发生溶血，侵犯胸腺，使胸腺发生损伤，导致人体抵抗疾病的能力下降；此外，还能引起皮肤过敏、皮炎、腹泻、体重下降、湿疹、哮喘、脾脏萎缩、肝硬化等。洗衣粉洗衣服一定要漂洗干净。另外，使用洗衣粉后，要尽快把手洗干净，不要使洗衣粉液长时间粘在手上。洗衣粉不可滥用，不要用它来洗茶杯、餐具，更不能用它来洗水果和蔬菜，以免食物和餐具上残留的洗衣粉被人体食入后造成危害。用它洗餐具，残留的洗衣粉可进入人体而产生慢性危害。有关资料显

示，合成化学清洁洗涤剂溅入人的眼睛会伤及结膜，导致眼睛红肿、刺痛，可明显降低眼睛的抵抗力；洗涤物质残留在衣服上，尤其是残留在婴幼儿内衣上时，会刺激皮肤，引起皮肤过敏等疾患；长期不当地或过多地使用清洁剂，会损伤人的神经中枢系统，使人的智力发育受阻，思维能力、分析能力降低，严重的还会出现精神障碍。过去洗衣粉中的一种主要成分是含磷酸盐化合物，这种化合物进入水体中使得环境中磷量过多而形成所谓的富营养化，其结果是引起水中藻类疯长，藻类死亡之后水体发臭，微生物不能够生存，海水形成赤潮，湖泊水华泛滥，河渠成为臭沟。现在欧美的一些国家和我国已经禁止使用含磷洗衣粉，无磷洗衣粉比含磷洗衣粉对环境的危害要小得多。某些品牌的无磷洗衣粉在洗涤过程中排放的废水对管道还具有杀菌、消毒、清洁、防腐、防锈功能。香港一家环保研究机构统计了目前使用较多的各种合成洗涤剂，在美国人均年消费量为29千克、德国是26千克、日本是10千克、中国是2千克。

合成洗涤剂

慎用芳香剂和杀虫剂。为了对付污浊的室内空气，以香来制臭，有些人认为芳香剂可以提神醒脑，殊不知恰好加剧了空气污染。芳香剂含挥发性很强的化学物质，滥用会刺激人的皮肤、呼吸道和神经系统，干扰胃液分泌，有的引起皮炎、口角疱疹、皮肤瘙痒、头晕、咳嗽、突发哮喘等。室内喷洒杀虫剂、蚊香也使空气受到污染，可能导致犯病。

八、家用洗涤的绿色消费

一般家庭使用率较高的是洗涤灵、洁厕剂、洗衣粉、漂白粉等，这些洗涤用品不能混用。洗衣粉、漂白粉、洗涤灵、洁厕剂等常被人们混合使用，以为混合后的洗涤剂去污力更强，杀菌作用更大，其实这是不对的。如洁厕精不能与漂白粉等消毒剂混合使用，否则容易导致氯中毒。据报载，一位健康的家庭主妇在家中打扫卫生，突然感到恶心、乏力，后来晕倒在地，被邻居发现送往医院抢救，半小时后这名主妇停止了呼吸。后来经法医检查发现，其胃和血液都有氯气，被鉴定为是氯气中毒。致该主妇死亡的罪魁祸首竟是家用洗涤剂、洗浴剂和洁厕剂等洗涤品，这位主妇把它们放在一起使用，导致了悲剧的发生。

尽量少用，不必过多投放洗衣粉或洗涤剂。泡沫多不等于去污效果好，高泡沫洗衣粉很难将衣服漂洗干净，而且洗涤后衣物发硬，穿着会刺激皮肤而引起病痒。低泡沫洗衣粉或无泡沫洗衣粉适量地洗涤不仅不影响去污力，而且容易漂洗干净。洗涤剂用得多，对环境的污染也大。

洗涤尽量用皂。皂类的原料来自于植物或动物脂肪、脂肪酸与碱生成的盐，易于生物降解，对人体刺激少，对水的污染也较小，比一般的化学合成洗涤剂污染少得多。餐具上有油污时，可先将残余的油污等作为垃圾处理掉，再用碱水或热肥皂水等清洗。对有重油污的厨房用具也可以用苏打粉加热水来清洗。正确选择合适的皂。洗衣用肥皂，洗手、洗脸、洗澡用香皂或药皂，杀菌和去异味、干性皮肤用富脂皂，洗后保留一些羊毛脂、甘油类物质具有保护皮肤作用，婴儿皮肤娇嫩选婴儿皂和液体皂。皂类洗后缺点是皮肤发紧，可涂抹一些护肤品；要使用优质皂，肥皂变质后不要再使用。

可自制柔顺剂，只要在清洗时加入1/4杯白醋，便可避免了柔顺剂对

皮肤的刺激，同时避免了柔顺剂对水体的污染。

衣服干洗也要晾。目前大部分干洗店在干洗时都是用一种高氧化物化学药品，如全氯乙烯作为活性溶剂，这种化学品主要对人体的神经系统、肾脏系统有较大的影响。在干洗过程中，这种化学物品被衣服纤维吸附，待衣服干燥时从衣物内释放到空气中，从而影响近处的人体，对儿童影响更大。衣物刚从干洗店取来应该挂在阳台等通风处，让衣服中释放出来的化学品飘散，当闻不到气味时，才能存放在衣柜中或是穿在身上。

九、节能建筑早了解

节能建筑是指建筑规划、设计、建造和使用过程中，通过可再生能源的应用、自然通风采光的设计、新型建筑保温材料的使用、智能控制等手段降低建筑能源消耗，合理、有效地利用能源的活动。建筑节能要低碳设计、低碳装修、节约高效地使用家电，从改善热环境、光环境、空气质量及噪音控制等方面创造适合人类居住的舒适环境，保护地球，减少资源消耗，达到人、建筑、自然和谐统一的目标。

人、建筑、自然

(1)日照及自然光。有阳光的地方就有健康。是的，阳光的价值极高，对人的生理、心理状态影响很大。在住宅中，最大限度地利用并合理开发自然光资源极其重要。节能建筑的设计须充分利用阳光。这就要合理地设计窗口布置、窗的构造及所使用的材料等方面。

(2)隔声问题。节能建筑的一个重要标准是隔声。现在轻质材料在建筑中被广泛使用，这就加大了隔声的难度。隔声技术包括空气隔声和固体隔声两部分。在建筑中，人类可忍受噪音约40～45分贝。为达到这一指标，必须增加门窗的密闭性，并改善墙体构造。节能建筑须加强对楼板的隔声叠层构造和面层处理，给人类提供一个安静的居住环境。

(3)热。热环境是直接影响居住舒适度的重要因素。节能建筑就是在结合自然季节环境的前提下，利用各种自然能源与节能技术，为人类提供一个舒适的温度环境。

(4)空气。住宅室内污浊气体及有害气体的排除，是居住者最为关心的问题之一。但是，迄今为止，在有效排除厨房、卫生间的污浊和有害气体方面仍不尽人意，高层住宅竖向烟风道形同虚设，串烟、串气、串声现象十分严重，且直排热水器屡屡出现故障。住宅内的排气、排污装置实际上是一个大系统，尽管装置很好，但由于排风管道或烟道不畅，其设备与设施同样可能达不到功能目标。节能建筑要能达到处理屋内废气和净化屋内空气的效果。

(5)照明。照明节能技术可以使用风光互补路灯、声光延时走廊灯、可控硅开关、LED灯等照明节能器材，通过微电脑控制技术，根据可见光的强度和每天不同的时段动态智能地调节LED灯的开关及亮度，来实现最佳的照明状态和最大的节电效果。

(6)生活垃圾处理。在生活垃圾处理方面采取分层次、分技术的综合处理方式，在居民家里配备厨房垃圾处理机，将厨类垃圾直接打磨降解后通过下水道排走。其他垃圾通过小区分类垃圾桶收集分类后，可将回收垃圾进行统一集中处理，产生经济效益，其他垃圾经过小区内的生活垃圾自动压缩打包机进行压缩后集中运送至市政垃圾处理场，减少环境污染。

(7)颜色。节能建筑设计将会创造一切硬件条件，让人们尽享大自然的赐予，要把空气、阳光、绿色引进每套住宅内。不仅套型设计着重调整各种功能与空间的关系，尺度和色彩也将更符合人的情感需求，而且将通过设计师的创新，改善居住的舒适程度，努力营造一个绿色环境。

(8)资源循环。建筑建设的一项重要原则就是如何有效地利用资源，提

倡重复使用，回收利用。对不可再生物质要十分珍惜，并着重开发各种替代产品。例如，实施垃圾分类，对分类后的垃圾按照有机、无机、有害、无害物质分门别类回收，以达到最小排出量和最大化利用。又如，在小区中实施中水系统，循环重复使用再生水资源，处理过的污水可作小区水景用水，并收集和利用雨水改善气象环境等。

十、未来房购：明天的城市建筑

建筑是人类劳动实践的产物，而且随着人类文明的发展，人们对建筑空间有了理性的思考，开始主动地去创造建筑空间，以满足人类本身的需求。中国古代先哲们很早就提出了天人合一的思想，在建筑中则体现为建筑与自然的相近、相亲、相融。回顾中国建筑的历史，一座座水平延展的城市，一片片平房院落为主的建筑群，曾是中国人千百年来的理想居所。庭院对家居生活充分必要，将公共与私密空间，动、静区域恰到好处地分隔过渡，内外融合，形成了窗窗有景、家家有园的完美视野。这种人性化的舒适生活方式是千百年来中国人所追求的。

住宅是人的生活空间环境，它反映着当时当地的社会物质文化水平和科学技术水平。随着社会的发展，人们对住宅设计提出了新的设想与新的要求，住宅的设计理论和设计方法在不断地更新。新的世纪已经来临，社会将向都市化、高龄化、信息化急速发展，人们在解决温饱问题之后转向关心生存环境。人居健康问题的挑战引起了全世界居住者和舆论的关注，

未来建筑

人们越来越迫切地追求拥有健康的人居环境，包括生理的和心理的、社会的和人文的、近期的和长期的多层次的健康。

在当今高密度的城市中，我们要面对一个根本性的问题——人口和土地。人口不断增多和聚集，城市目前面临的巨大的人口压力和土地紧缺的问题，高层住宅则是唯一的出路。虽然住宅郊区化可以作为这个问题的一种解决方式，但是发达国家对城市中心的回归已经告诉我们，只有在城市中保留一定的居住面积和人数，才能保证城市健康和谐地发展。因此，如何在垂直延伸的高密度居住区中更大限度地引入自然空间，无论是对于现在还是将来，都是一项很有意义的工作。21世纪所有住宅的开发应该具有三个关键要素，即智能、环境与文化。用中国古代哲学的天人合一观点把以人为本和以自然为本创建社区有机结合起来，我们未来的社区应该是一种生成于环境，贡献于生态，返回于自然，亲和于人与社会的、人与自然和谐的绿色社区。方便、舒适、和谐是构建21世纪未来住区的主题，同时，绿色住宅、生态住宅也是21世纪住宅的发展方向。

相对于建筑，室内设计与人的生活方式更加密切相关。今天的社会，已要求我们的设计师对人类的生活模式更加关怀。我国已进入老龄化社会，由于年老体弱而造成的行动困难，因而室内的安全保障设施及便捷良好的通讯设施成为室内的日常用具。今天的设计师应更多关注未来世界的变化，这些变化将改变未来人类的生活模式，从而影响设计的思维和法则。上海新近落成的浦东金茂大厦室内设计的成功应成为今天我们学习的典范。其酒店客房内办公桌上设置的互联网接口及更多的电源接口，都反映了酒店更加服务于日夜穿梭的旅行商客的工作生活需求。而客房卫生间的盆浴与淋浴使用的互分，表明了设计师对现代人类自尊的更加珍重。客房衣橱可在走道及卫生间内两面开启方便了住客的生活起居。

21世纪将是一个城市化世纪，如果说20世纪的人们思考如何谋求生存的问题，那么21世纪将是人们追求生命质量提高的时候。相信，21世纪的未来，人类生活方式的革命将对人生活息息相关的室内设计产生巨大震撼。但我们如果已准备好自己的知识，坚信室内设计将会给日益发展的人

类社会创造更加美好的未来。室内设计将更加以人为本，给人类更多的关爱。

智能建筑

进入21世纪，科学技术将更为广泛地应用于各个领域，智能化建筑是当今的一大发展趋势，住宅也不例外。随着人民生活水平的不断提高，人们对居住舒适的要求也会越来越高。科学技术的发展要求未来小区和住宅拥有智能化系统的设备，所以，智能化住宅的发展前景是光明的，是住宅在功能方面的大势所趋。智能建筑的发展趋势则是以人为本、可持续发展、绿色、信息化与智能化结合。

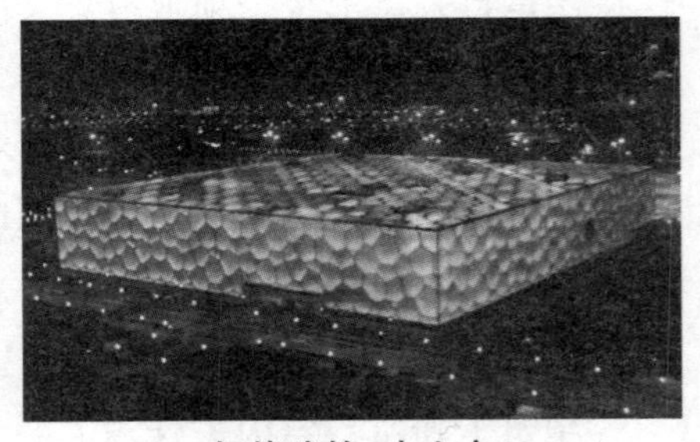

智能建筑-水立方

智能建筑是以建筑物为平台，兼备信息设施系统、信息化应用系统、建筑设备管理系统、公共安全系统等，集结构、系统、服务、管理及其优化组合为一体，向人们提供安全、高效、便捷、节能、环保、健康的建筑环境。智能建筑在我国的台湾和香港地区称为聪明型建筑或聪明建筑，它的出现绝非偶然，是科学技术的发展大势所趋和人们社会需求的人心所向两个因素促成的必然结果，是历史发展的必然。美国智能建筑学会（IBI）指出："没有固定的特性来定义智能建筑。事实上，所有智能建筑所共有的唯一特性是其结构设计可以适于便利、降低成本的变化。"IBI的说法确定了智能建筑应具有的特性

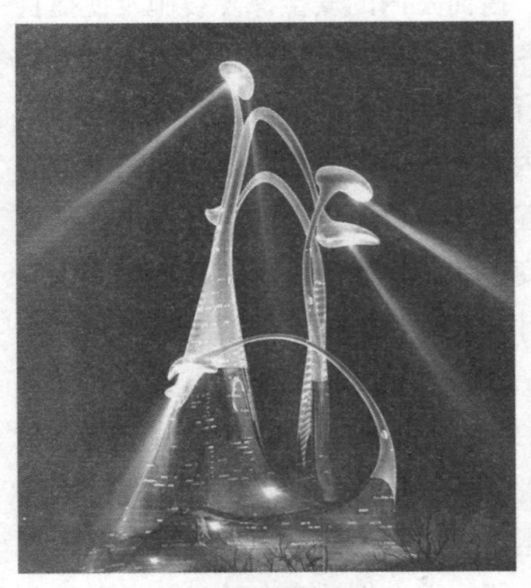

智能建筑

元素。智能建筑必须保持一个有效的工作环境、自动综合运转并能够灵活适应未来工作环境变化的需求。

智能建筑是社会生产力发展、技术进步和社会需求相结合的产物。纵观人类建筑发展的历史，可以看出智能建筑诞生的历史必然。原始社会诞生了人类早期遮风避雨的茅屋，农业社会诞生了城墙和雄伟的宫殿等建筑物，工业社会诞生了钢结构或混凝土的摩天大楼。信息技术使人们的生产、生活等方式发生了巨大变化，作为人类居住和活动场所的建筑物要适应信息化带来的变化，智能建筑的产生和发展是必然趋势。随着计算机、控制、通信技术的不断发展及关键技术的突破，必将进一步促进智能大厦的发展。智能大厦正向着集成化、智能化、协调化方向发展，实现智能化管理已经成为重要标志。可以预见智能建筑将成为建筑革命的先声，成为21世纪的重要产业部门，乃至成为一个国家科学技术与文化发展水平的重要标志，也是未来建筑的重要标志。

早期的超高层大楼一般设备非常多，诸如空调系统、给排水系统、变配电系统、保安系统、消防系统、停车场系统等各种专业系统同时共存。操作和控制这些系统仅靠中央临近室很难实现。20世纪80年代，微电脑技术的崛起再加上信号传统技术的进步，基本上实现了所有设备都可以显示于大楼内的中央监控室，并且较容易地进行操作和管理，从而提高了效率。1984年，美国康涅狄格州的哈特福市将一幢旧金融大厦进行了改造，建成后称为都市大厦，从此诞生了世界公认的第一座智能大厦，它是时代发展和国际竞争的产物。为了适应信息时代的要求，各高科技公司纷纷建成或改建具有高科技装备的高科技大楼，如美国国家安全局和五角大楼等。中国的第一座智能大厦被认为是北京的发展大厦，此后，相继建成了一批准智能大厦，如深圳的地王大厦、北京西客站等。总之，进入20世纪90年代以后，智能大厦蓬勃发展，步美、日之后尘，法国、瑞典、英国等欧洲国家，新加坡及中国香港等地的智能大厦如雨后春笋般地出现。

在智能住宅方面，表现为网络技术应用和控制方式的变化。计算机

网络和多媒体技术已经进入住宅小区，使住宅控制与管理技术发生深刻变化。20世纪80年代，住宅控制方式主要为电子型，90年代初为程序型控制方式，90年代末发展为网络型控制方式。在21世纪，住宅控制方式将演变为智能控制型。各种家电设备都“上网”，实现家电接口标准化、设备控制智能化、系统功能集成化。

大型建筑物的运作包含有多种功能系统，如水、电、热力、空调、通讯等。它们又各有特色，如水又分为生活用水、生活污水、生活热水、生产污水、消防用水、生活及生产废水处理与循环使用、生产及生活污水的处理等，而这些对一座建筑物来说要实现自动控制就十分复杂。所以智能的概念是替人来做出最佳方案并完成运行，实现建筑功能运作自动化。智能建筑的另一使命是降低建筑物各类设备的能耗，延长其使用寿命，提高效率，减少管理人员，求取更高的经济效益；通信自动化、办公自动化、安全保卫自动化等都是智能建筑所能达到的。智能建筑内的所有设备都应该起到增强居住设施智能的目的。借助于系统，住户可以快速高效地自由获取世界各地的信息。住户根据自己的意愿，可以很容易地向世界各地发出要求和指示。智能系统也可以提供娱乐和教育方式，住户在家时就好像在国家图书馆一样。

随着人们生活水平的不断提高，智能建筑的数量也在急剧上升。随着更多智能建筑的出现，将有更加先进的技术补充到这一领域中，使这一技术更加成熟、完善。智能建筑是人、信息和工作环境的智慧结合，是建立在建筑设计、行为科学、信息科学、环境科学、社会工程学、系统工程学、人类工程学等各类理论学科之上的交叉应用。智能建筑将成为未来时代建筑的标志。

生态建筑

生态建筑的诞生，标志着世界建筑业正面临着一场新的革命。这一革命是以有益于社会，有益于健康，有益于节省能源和资源，方便生活和工作为宗旨，并对建筑业的设计、材料、结构等方面提出了新的思路；生态建筑不再是生态专家们的美好设想，而已变成现实。

美国太阳能设计协会正在研制新型的太阳能住宅，它被称为建筑物一体化设计，即不再采用在屋顶上安装一个笨重的装置来收集太阳能，而是将那些能把阳光转换成电能的半导体太阳能电池直接嵌入到墙壁和屋顶内。这种建筑物一体化的设计思想是该协会创始人史蒂文斯•特朗20年前所倡导的，由于当时太阳能电池过于昂贵，无法实施。如今太阳能电池的价格只有20世纪80年代的1/3，所以推广的可能性大大增加。

德国建筑师塞多特霍尔斯建筑了一座能在基座上转动的跟踪阳光的

生态建筑

太阳能房屋。房屋安装在一个圆盘底座上，由一个小型太阳能电动机带动一组齿轮。该房屋底座在环形轨道上以每分钟转动3厘米的速度随太阳旋转，当太阳落山以后该房屋便反向转动，回到起点位置。它跟踪太阳所消耗的电力仅为该房屋太阳能发电功率的1%，而该房屋所获太阳能量相当于一般不能转动的太阳能房屋的2倍。

20世纪80年代初期，美国芝加哥曾建成了一座雄伟壮观的生态楼，楼内没有砖墙，也没有板壁，而是在原来应该设置墙的位置上种植植物，把每个房间隔开，人们称这种墙为“绿色墙”，称这种建筑为植物建筑。这

种建筑的施工方法并不复杂，它无需成材木料，无需采用大而笨重的建筑设备，而是就地取材，以树林为主材，采用经过规整的活树林来作为顶梁、代柱和替代墙体。运用流行的弯折法和连接法建造出许多构思巧妙、造型新奇、妙趣横生的拱廊、曲桥、屏风、住宅楼等。

生态住宅的设计概括起来有四点：舒适、健康、高效和美观。住宅设计应充分结合当地的气候特点及其他地域条件，最大限度地利用自然采光、自然通风、被动式集热和制冷，从而减少因采光、通风、供暖、空调所导致的能耗和污染。如北方寒冷地区的住宅应该在建筑保温材料上多投入，而南方炎热地区则更多的是要考虑遮阳板的方位和角度，即防止太阳辐射和眩光。绿色生态住宅强调的是资源和能源的利用，注重人与自然的和谐共生，关注环境保护和材料资源的回收和复用，减少废弃物，贯彻环境保护原则。

零耗能建筑

不少人也许已接触过“零耗能住宅”这个术语，虽然还不大清楚这到底是什么，但它听起来不错。那么这到底是现实呢还是对未来的一个设想？这的确是现实，在美国各地这样的设施已经帮助房主们节约了大笔的能源开支。过去几年中，美国能源部一直在推广这种高效住宅设计，目的是在全国范围内的住宅建设中采用高效能源或可再生能源策略。正是如此，美国各地都出现了能耗已经接近甚至达到零的住宅，甚至是社区。根据我国建设部门的统计，目前我国已建房屋有近400亿平方米属于高耗能建筑，新建房屋有95%以上是高耗能建筑。我国市面上已建成的准零耗能与纯零耗能住宅都是广泛采用各种节能策略以及太阳能发电与热水供应系统。

所谓零耗能，是指建筑在实现低耗能的基础上，能补充太阳能、风能和浅层地能等可再生能源，达到节约或者不用传统化石能源的目的。现国际通行的所谓零耗能建筑主要是指通过最佳整体设计、利用最先进的建筑材料以及节能设备，达到房屋所需能源或电力百分之百自产的目标。零耗能建筑并不是说建筑不耗能，而是指对不可再生能源的消耗为零，它所用的能源主要是太阳能、风能和生物能。

初夏的瑞士，三十多度的气温让人吃不消，但一走进瑞士联邦水质科学技术研究所（Eawag）总部大厦，却是感觉清凉如春。这个大厦没有空调，但室温一年四季保持在23摄氏度。这就是著名的Chriesbach大厦——国际知名的零耗能建筑。它于2006年9月落成，在现有节能技术的创新基础上，为建筑业树立了新的标准。据介绍，Chriesbach大厦消耗的能源仅相当于规模最小的大厦所消耗的能源的1/4，其能耗已经达到欧洲2050年的标准。

大厦是一个紧凑型实体，有一个玻璃屋顶的中央大厅，因此阳光可以照射进大厦，同时也有助于大厦在夏日夜晚的降温。墙壁是钢筋混凝土框架结构，也是冷热蓄能体，绝缘层有30厘米厚。窗体底端天花板使用的是再生混凝土，地板用木屑板铺设，而大部分墙壁则采用木质结构。办公室之间的隔断墙壁采用了黏土材料，这样既符合环保的要求，又能调节空气湿度。逃生露台上装有天蓝色的玻璃板，在兼顾美观的同时，可根据季节变化控制日光通透，或提供遮阴，或让太阳光直射进大厦。这些玻璃板可根据设定的角度自动调节，夏天可遮挡75%的太阳光，冬天则尽可能多地放进阳光。

在能源方面，个人活动、办公设备、照明灯光及自然光线产生的热量，通常足以维持一个舒适的室温，即23℃左右。在大厦屋顶四周，分布着459平方米的窗体顶端窗体底端太阳能电池，可为大厦提供近1/3的建筑用电量，约等于21.9万千瓦时。此外，屋顶上还种了小植物，用来保温及收集雨水。

在水源供给和处理上，Eawag动足了脑筋。饮用水主要用于员工食堂、每层楼的饮用水龙头及清洁设施。而其他用水则主要依靠雨水。比如，屋顶上有一个80立方米的露天水花园，用来储存雨水，它位于食堂的前面，有一根单独给水管，为厕所提供冲刷水源。尿液也会被特别处理，它经单独管道与无水便池和厕所分离，储存到两个大水箱中，用于Eawag的研究。在停车场、通道等地方，雨水不能直接排入地下，而是被收集到一个露天水道，流入排水区域。大厦周围挖了小沟渠，种了大片树木，它们与建筑物组成了一个融入自然的整体系统。整个零耗能表现出的不仅仅

是单个尖端技术的叠加，更是各个系统和技术相互作用的最优效果。

太空屋

2004年8月24日，欧洲宇航局已经提出“太空屋”雏形。该太空屋是用高科技材料制成，拥有坚固的太空船结构。太空屋使用高效的太阳能板进行发电然后将电储存到高效的锂电池中。同时该太空屋使用用于卫星的特殊的能量控制系统。太空屋是相当绝缘的，它采用先进的供暖、制冷和通风装置。太空屋的雏形是以传统的房屋为基础，全部采用欧洲宇航局太空计划的先进材料为理念形成出现的，这种材料不仅轻，而且韧度和抗热、抗寒能力都非常突出。

太空屋

太空屋是一组球形结构，由三部分组成，其中每一部分都拥有4根支柱，高达5层，有点像人们所说的飞碟形状。太空屋整个球体由支柱支撑，首层与地面之间有一定的距离，也就是说，房屋主体并不直接与地面接触。当它伸出支柱把自身支撑起来时，它就和底下的任何运动无关了，无论是大风还是地震都不能轻易撼动它。

欧洲宇航局的太空屋从几个方面引起了德国的兴趣。一是为了达到保护环境的要求，整个建筑在使用过后能全部移除使环境不受到污染；二是建筑结构能适应恶劣的自然环境。具体到南极站的应用上，太空屋的轻型设计可以使它承受每年深达1米的降雪量而不会陷入冰雪中，同时，也大大方便了日后的移除工作。此外，相对在南极建造建筑物的严格条款来说，太空屋的设计在某些方面甚至还超出了这些标准。

太空屋构想的实现为人类的建筑居住技术提供了一种新的思维方式，其运用将越来越广泛，并有可能在不久的将来逐步取代现有的传统住宅。

而且许多太空技术已经为解决地球上的问题提供了初步的解决方案。太空屋被设计成了一个自给自足的系统。它采用了高效能太阳能动力和先进的循环水及净化水的系统。另外一个设想还在计划中，那就是设立一个可以清除空气中亚微米级的致病粒子的系统。可以说，太空舱为了在极端环境中维持生命所依赖的前沿技术，正是地球上的建筑技术革新极具价值的资源，人们应当好好地加以利用。

在2006年的节能展上节能庭院亮相。只需5小时，节能房间就在农展馆前拔地而起。节能庭院运用了多种节能技术：主体房间应用了太空板，冬季保温，夏季可隔热，还充分利用了可再生能源，如安装风车、利用太阳能等。虽然动用很多先进的设备装置，但是，假设将建200平方米节能庭院总造价也不到20万。而且，节能房屋的主体建设就是将预制好的太空板搭建出房屋的主体结构，只用5个小时。节能庭院不光能应用到农村住宅，应用于别墅建造，还可以将节能设施逐步运用到楼房中。

模仿蚁穴的建筑

说起白蚁，大家首先想到的就是它是一种极具破坏力的害虫，但是有科学家经过三年的研究，发现白蚁的巢穴不仅结构精妙复杂，而且就算外面的温度高达40℃或者低至冰点以下，蚁穴始终能保持恒温。

由英国和美国科学家组成的一个研究小组对非洲撒哈拉的巨大蚁穴进行了为期三年的研究，试图寻找大蚁穴精妙复杂的内部结构的奥秘，因为科学家们发现，无论外面的气温如何急剧变化，蚁穴里的温度却是不变的，科学家的这一发现有助于帮助人类建造更适合环境而又造价低廉的住房。

仅从外面看，非洲白蚁的巢穴就像一个大土堆，它们高大的外表给人留下了深刻印象。这个大土堆一般有3米高，有一些蚁穴居然高达8米，而且蚁穴不仅是地表上的那块，它们还伸到地下很深的地方，那是因为白蚁在地下深层挖掘建筑材料，它们小心地挑选建造巢穴所需要的每一粒沙子。蚁穴里错综复杂的通道组成一个通道网，这些通道可以让新鲜的空气进入，同时把呼吸过的废空气排出去，这样就能防止白蚁在里面因缺少空气而

窒息。

白蚁穴

蚁穴的设计非常巧妙，最令人不可思议的是蚁穴里面是恒温的。不管是寒冷的冬天还是炎热的夏天，蚁穴里面的温度自始至终保持在3℃左右，而且蚁穴还能自动调节空气湿度。在撒哈拉，白天的温度经常超过40℃，而有的季节的晚上最低气温则达到冰点以下，可是科学家们却发现，蚁穴里面的温度一年四季自始至终都是3℃。而且蚁穴可以自动调节里面的空气湿度，在有些炎热的地区，比如纳米比亚，有些白蚁巢穴的烟道高达20米，以便控制湿度。

蚁穴的中心最舒服，那是蚂蚁国王和蚂蚁王后居住的地方，一个蚁群数量可高达200万只，但是都在国王和王后的统治之下，蚁群中所有的蚂蚁都是国王和王后的子孙。

蚁穴中还有一种生长着特殊真菌的“农场”或“园子”，这种真菌是世界上其他任何地方所没有的，白蚁用这种真菌将木浆分解成纤维用于建造蚁穴，并用来分解用于能量转换的糖分。科学家说，他们下一步要研究清楚的是白蚁在蚁穴中是如何处理废物的，因为一直没有在蚁穴中发现蚂蚁的排泄物或者其他垃圾。

科学家从蚁穴中得到启发，模仿蚁穴设计新型墙壁，使房屋具有和蚁穴一样的特性。但这并不意味着人类未来的房屋就要建成通道错综复杂的结构，而是要用新知识设计墙壁，具有和蚁穴同样的特性。为了研究如何设计并建造这样的墙壁，科学家用熟石膏将蚁穴填满并覆盖住，然后切成半毫米厚的薄片，用相机一张一张拍下来，然后用电脑技术就可以制作蚁穴结构的三维模型。

第五章

出行消费我低碳

一、低碳交通势在必行

2009年年初，奥斯陆气候和环境国际研究中心发表的研究报告指出，过去10年，全球二氧化碳排放总量增加了13%，其中源自交通工具的碳排放增幅达到25%．交通的碳排放成为全球变暖的主要原因之一。据测算，一辆普通小轿车的排碳量需要十多亩人工林才能吸收。而在长江三角洲的一些城市，私家车每天新增上百辆。如此下去，何谈低碳？

一位参观完城市最佳实践区“欧登塞案例”的游客说，丹麦人对自行车的喜爱简直让我们这自行车王国的国民汗颜。丹麦第三大城市欧登塞有20多万人口，却拥有长达500公里的自行车道，欧登塞的学校还设置了课程鼓励孩子多骑车。人们都以骑车为荣，骑车环保、省钱又有益健康。

交通运输是目前能源消耗量最大、能源消耗增长最快的行业。发达国家交通运输业能耗占全社会能源消耗的比例一般在1/4至1/3之间。2000年，我国交通运输业能源消耗量为9721万吨标准煤；2004年上升到14783万吨标准煤，年均增长11%，占全社会能耗总量的7.8%，比2003年增长182%。预测2020年我国交通运输能耗将是现在的2倍以上，这还不包括日益增加的私人小汽车出行的能耗。

统计显示，我国各类汽车平均每百公里油耗比发达国家高20%以上，其中卡车运输的百公里油耗较国际平均水平高出近50%。如果全行业采用节能运输模式，全国公路运输行业营业性车辆汽柴油

低碳环保的出行方式

综合能耗将降低10%，每年可节约燃油800万吨左右。

国内国外的经验无不表明，政府的引导和规划是最关键的。在丹麦，哥本哈根市政府每建成一条自行车道，该路段骑车的人就增加20%，开车人就减少10%，每年机动车道路维修费也减少将近1000万美元。

再看看我们的城市，每年投入巨额城市基础设施建设费，但是仍然不能满足新增机动车的道路需求，城市交通日益拥挤。那些为此焦头烂额的城市管理者们不知道对此有什么感想？

地球一小时宣传海报

从2009年年底的哥本哈根会议到2010年3月的“地球一小时”活动，低碳、节能减排等成为全球关注的焦点。在全球经济向低碳模式转变的大背景下，交通低碳势在必行。

低碳交通不是去坐等新能源车的普及，而应从身边最简单、最普通的事做起。

 二、铁路：高速与环保比肩

研究表明，在相同的运输量下，铁路、公路和航空的能耗比为1：9.3：18.6，说明铁路是最为节能和环保的运输方式。哥本哈根气候大会期间，几百名代表乘坐他们称之为“气候列车”的火车到会场，旨在宣传铁路交通方式的节能减排优势，倡导环保理念。随着低碳经济时代的到来，低耗能、环境污染小的铁路重新走入人们的视线。

近几年我国铁路建设的成就有目共睹，而高速铁路则是其中的重头戏，目前我国投入运营的高速铁路已达到6552公里，运营里程居世界第一

位。对于大手笔进行高铁建设，铁道部有关负责人在接受媒体采访时公开表示，高速铁路是绿色环保的交通运输方式，我国发展高速铁路一个很重要的着眼点就是环保。高铁的能耗只是航空的1/40，是公路的1/5左右，而且高铁用电力牵引，二氧化碳排放量接近于零。

来自铁道部的信息表明，我国的高速铁路建设在环保方面已经走在了世界的前列——大量采用了“以桥代路”，有效地减少了铁路对沿线城镇的切割，更重要的是节省了大量土地。同时实施桥下植被绿化、边坡绿色防护等措施，既有效防止了水土流失，又绿化美化了沿线环境。

国产“和谐号”动车组列车在节能设计上达到了世界一流水平，一个单程人均耗电仅1.5度，单位能耗是波音747飞机的3%、是私人汽车的20%。

高铁的发展极大地改变了人们的出游方式，根据铁道部的信息，高速铁路市场需求旺盛。目前，全国铁路每天开行高速列车773列。人们对高铁的青睐，除了因其便捷之外，它的低碳属性也被越来越多的人所看重。

国产“和谐号”列车

铁道部官员曾表示，在世界各国都在倡导低碳经济的时代，高速铁路运能大而且基本上没有碳排放，成为中国发展低碳经济的重要载体。相比其他交通运输工具，高铁在节约土地、能源及污染小、安全性好等方面优势明显，起到了重要的示范作用。

据《中长期铁路网规划》，到2020年我国高速铁路总规模将达到1.8万公里。从北京出发，到绝大部分省会城市不过1～8小时；上海、郑州、武汉等中心城市到周边城市仅半小时至1小时。可以预测，在低碳经济时代，高速铁路将引领铁路运输焕发出新的活力。

三、公交优先

城市的区域大了，人们出行越来越不方便了。生活节奏快了，出行时人们每时每刻都离不开交通工具。

几年间，私家车越来越多。城市道路承受着巨大的压力。每当上班高峰期，机动车道、非机动车道车流滚滚，人行道边停遍了数不完的公车和私家车。

私家车犹如某种细菌在成倍增加，挤占着城市本不富裕的道路资源。城市公交的发展更是遭受伤害。为了生存，大多数公交公司负债经营。城市公交作为现代道路运输的重要组成部分，被称为交通低碳经济发展最有效的助推器。有关资料表明，公共交通是机动车出行中人均占用道路面积最小的交通方式，相对摩托车、轿车等其他交通工具，人均燃料消耗也是最少的。公共交通的推广可大大减少大气污染。

市民选择公交出行，不仅有利于降低能耗，减少废气排放，也是城市文明的一个标志。"公交优先"将对减少碳排放起到积极的推动作用。交通部门只有以具有竞争力的公交票价机制、优质的公交运营服务、快捷的公交路权保障，配合机动车停车、使用等需求管控政策，引导交通出行方式向公共交通转移，优化客运结构。同时，将通过宣传，引导全社会形成低碳化、低能耗的绿色交通出行模式和习惯、提高全社会的共识也将有利于低碳交通的发展。

世界范围的研究表明，交通费只能占低收入家庭总收入的10%～12%，超过12%就会成为负担。低收入人群的出行，主要靠公共交通。政府要在公共服务中体现社会公平，让所有社会成员享受社会发展的成果，也必然要优先发展价低质优的公共交通服务。

对于环境保护和能源节约，公交的优越性不言而喻。一辆大公交车可以运载近100名乘客，小汽车则需要30～50辆，道路占用长度增加近9倍，油耗增加约5倍，排放的有害气体最多可增加15倍左右。公交发展得好，可以减少百姓的家庭开支，可以减轻城市停车难的压力，可以减少交通拥堵，可以减少环境污染……

四、绿色出行更健康

近年来，国内外兴起了绿色交通理念，鼓励人们以步行、骑自行车、乘公交车和轨道交通为主要出行方式。

低碳交通是城市交通可持续发展的必然选择，不仅不会制约城市发展，反而可以增加城市发展的持久动力，并最终改善城市生活。低碳交通对交通、城市的综合发展具有深远的影响。

然而，发展低碳交通是整个社会尺度的改变，单独依靠个体力量是很难完成的，所以必须依靠政府、企业、社会与个人的共同努力。

开车族如果能做到以下几点，也可让驾驶变得更为绿色：避免冷车启动、减少怠速时间、尽量避免突然加速、选择合适挡位、避免低挡跑高速、用黏度最低的润滑油、定期更换机油、高速驾驶时不要开窗、轮胎气压要适当。购买低价格、低油耗、低污染，同时安全系数不断提高的小排量车。开车出门购物要有计划，尽可能一次购足，避免重复出行。

低碳出行

多步行或骑自行车。自行车在我国是一种很普通又十分便利的交通工具，人们在上下班和郊游时都经常用它。据近年来研究的结果表明，骑自行车和跑步、游泳一样，

是一种最能改善人们心肺功能的耐力性锻炼。在国外，骑自行车健身方兴未艾。以美国为例，根据《美国新闻与世界报道》披露，美国有2000万人骑自行车健身，而且参加的人数越来越多。法、德、比利时、瑞典等国还以骑自行车“一日游”的时髦体育旅游消遣活动吸引了成千上万的人踊跃参加。

乘公共交通工具外出

自2010年6月初公交票价下调之后，太原市乘公交出行人数明显增长，与降价前相比，日增人数20.8万人次，公交分担率大幅攀升。

据太原市交通运输局最新统计结果，6月1日公交票价降低之后，截至6月12日，日均运营趟数10509趟，较2009年日均运营趟数10215增加294趟，增长2.88个百分点；日均客运量109.9266万人次，较2009年日均客运量89.129万，人次增加20.7976万人次，增长23.33个百分点。日均售卡10520张，较2009年日均售卡354张增加10166张，增长28.72倍。

绿色出行、选择公交、骑自行车等低碳出行方式是值得提倡推广的。

五、买车我支招

在自己相中的价格或车型范围内选择一辆省油的车

(1)购买汽车时不要有虚荣心理，不要盲目攀比而硬要买价高而豪华高档的大排量车型，要以实用为目的，够用就行。家用轿车不一定越贵越豪华越好，选车需要考虑自己的收入水平、家庭成员状况和个性喜好诸多方面的因素。

(2)不要选带太多电动设备的车，这是因为电动设备会增加车身重量，

增加油耗。

(3)微型小汽车比大排量汽车要省油。

(4)在家庭轿车市场上，1.6升排量一向有“黄金排量”之称，自2008年以来国家对1.6升以下排量车型的减免购置税政策让1.6升车型销量更加火爆，再加上可变正时气门、全铝缸体等先进的工艺技术在1.6升发动机上的广泛使用，1.6升发动机在动力水平和燃油经济性方面有了明显的进步和提高，不少车型已经由原来的“刚刚够用”跨入了“动力充沛”的级别，满足了更多消费者的需求。

选择省油的车

尽量购买小排量车

汽车耗油量通常随排气量上升而增加。排气量为1.3升的车与排气量为2.0升的车相比，每年可节油294升，相应减排二氧化碳647千克。如果全国每年新售出的轿车排气量平均降低0.1升，那么可节油1.6亿升，减排二氧化碳35.4万吨。

混合动力汽车透视图

购买低价格、低油耗、低污染，同时安全系数不断提高的小排量车是一个不错的选择，在自己方便的同时也为城市空气减负。

对小排量车的划分，东西方国家的标准不尽相同。在我国，小排量汽车的概念通常是指排气量在1.0升以下的汽车。以一般家庭用车每月跑2000千米计算，小排量车每年就可省油近千升。小排量车具有节能环保的优点。小排量汽车油耗量基本上在每百公里6升以下，与一般排量在1.4升以下的家庭经济型轿车相比，每百公里可省3～4升油。经济小排量汽车称

得上是最佳的城市用车，其价格便宜，一般在每辆8万元以下，在家庭经济承受范围之内。同时，小排量汽车可降低制造的材料成本。

选购混合动力汽车

与纯电动车、燃料电动车两种电动车相比，混合动力车在动力性能、续行里程、使用方便性等方面具有优势，因而最具商业价值和量产可能。

堵车时混合动力车的燃油消耗量、尾气排放量等要远远低于仅靠汽油、柴油内燃机驱动的车，排放量下降约80%，可节省燃料50%。

混合动力车可省油30%以上，每辆普通轿车每年可因此节油约378升，相应减排二氧化碳832千克。如果混合动力车的年销售量占到全国轿车年销售量的10%，那么每年可节油1.45亿升，减排二氧化碳31.8万吨。

混合动力车采用传统的内燃机和电动机作为动力源，通过混合使用热能和电能两套系统开动汽车。混合动力系统的最大特点是油、电发动机的互补工作模式。在起步或低速行驶时，汽车仅依靠电力驱动，此时汽油发动机关闭，车辆的燃油消耗量是零；当车辆行驶速度升高或者需要紧急加速时，汽油发动机和电机同时启动并开始输出动力；在车辆制动时，混合动力系统能将动能转化为电能，并储存在蓄电池中以备下次低速行驶时使用。

与同类普通轿车相比，混合动力汽车虽然节能省油，但每辆车价要高出8万～10万元。以目前市场上最为成功的混合动力车普锐斯为例，在城市道路上，普锐斯的实际百公里油耗大约在4.5升，比2.0升排量的汽车百公里油耗要少5.5升，也就是可省油55%之多。普锐斯目前车价在25.98万至27.98万元之间，和2.0升排量的普通轿车相比，车价也要高出8万～10万元。按目前的油价，一辆普锐斯混合动力车行驶超过23万千米的路程才能把这8万元的差价挣回来，显然不划算。不过，在日美等发达国家，政府对购买混合动力车都有不菲的补贴。国内相关政策也在研究中，如果能在购买价格上获补贴，购买混合动力车倒是一个不错的选择。

不开不符合排放标准的汽车

《中华人民共和国大气污染防治法》规定：机动车、船向大气排放污染物不得超过规定的排放标准，对超过规定的排放标准的机动车、船，应当采取治理措施，污染物排放超过国家规定的排放标准的汽车，不得制造、销售或者进口。

六、电动自行车的选购

电动自行车是很经济实惠的代步工具，它的速度比自行车快，开动起来又比摩托车环保，所以，现在电动自行车是很多家庭首选的代步工具，很多中学生也都淘汰了自行车而更新换代骑上了电动车，可以节约在路上花费的时间。但是，现在市场上各种各样的电动车令人眼花缭乱，而且电动自行车的价格每辆都在1000元以上，因此，如何挑选一辆称心的电动车，如何保养和维护电动车，就成了应该注意的问题。

在选购电动自行车时，我们应选择有生产许可证的企业生产的产品，适当考虑品牌的知名度。应选择有良好信誉，售后服务有保证的销售商。电动车是一种带有部分机动车属性的自行车，电池、充电器、电动机、控制器、刹车系统是电动车的核心部件，这些部件技术含量的高低决定了使用性能的好坏。决定电动自行车质量的关键是电机和电池的质量。优质的电机损耗小，效率高，续驶里程远，对电池有好处；至于电池，几乎是一台电动自行车好坏的决定因素。市面上销售的电动自行车基本上采用

电动自行车

的都是免维护铅酸蓄电池，它具有价格低、电气性能优良、无记忆效应、使用方便等特点，使用寿命基本为1～2年。由于电动自行车是成组串联使用蓄电池，因此，蓄电池必须经过严格的选配，保证每块电池的一致性，才能保证整个电池组的性能。否则，电池组中性能稍差的电池会很快衰竭，其后果就是：你的车子可能才骑三四个月，就该换电池了。测试电池的一致性需要较昂贵的一套设备，一般的小厂家不具备这些条件，所以，在不了解电动自行车和电池技术的前提下，应该尽可能选购大厂的名牌产品。综上所述，消费者要在充分了解电动车核心部件的性能以后再决定购买何种品牌的电动车。

首先，式样和配置的选择。在驱动方式上，应该综合考虑，选择损耗小、能耗低、效率高的方式；从车的整体平衡和上下车方便考虑，电池以放置于车架斜管或立管处为好；酸电池比镍氩电池经济实惠，电池的电压选用36伏的比24伏续行里程长。

其次，功能款式的选择。目前电动自行车大体分为标准、多功能和豪华三种类型，可根据实际需要和经济条件进行选择。受电池技术的限制，目前，电动自行车都有一个最大续驶里程的问题，一般是30～50千米，所以，购买电动自行车必须目的明确：就是作为上下班的交通工具，不要要求太高。相对便宜的电动车在性能上、售后服务上可能会大打折扣；而一些豪华的电动车，可能会让你在没有使用价值的装饰上浪费金钱。价格贵、外形豪华的车性能不一定比价格相对便宜、外形简单的车好，建议选择中档实惠、性能良好的电动车产品。

再次，是规格的选择。电动自行车一般为22～24英寸，适应不同消费者需要，也有20英寸和26英寸的。

在购车现场选择的时候，要根据个人需要和喜好选购合适的规格、款式和颜色；支起停车支架，检查外观，看油漆是否剥落，电镀是否光亮、坐垫、书包架、踏脚、钢圈、把手、网篮是否完好；在销售商指导下，按说明书实际操作一遍。试用电门钥匙和电池锁，确保安全可靠，方便使用为宜。如果电池钥匙较紧，开关时用另一只手将电池稍用力往下一压即可；打开电门、转动变速把手，检查无级变速效果和刹车效果，并检查电机运转声音是否平稳正常。观察轮子是否转动灵活，无滞重感，轮毂转动声音柔和，无撞击异响；控制器电量显示正常，变速过渡平滑，起步无冲击感。对于多功能和豪华型电动车还要检查一下所有功能是否完好正常。

购买后要将随车配套附件、发票、充电器、合格证、说明书、三包卡等收齐并妥善保管。有的厂家建立了用户备案制度，请按说明进行备案，以便享受售后服务。电动车是一种户外交通工具，各种气候交错，行驶路况复杂，有可能产生故障或意外损坏，能否提供及时周到的售后服务是对电动车生产企业实力的检验。消费者如果要消除后顾之忧，对三无产品的电动车应该避而远之。

七、旅游也要低碳化

每个游客都可以是实施低碳旅行的个体，只有让环保成为每个人的一种习惯，低碳游才能成为真正的时尚之选。选择低碳旅游方式，改变旅游观念，让高污染、高排放的旅游离我们远去。

旅游出行低碳化

一些普通生活习惯的改变就能成为低碳旅游习惯。比如学会转变出门就打车的出行模式，倡导公共交通和自行车、电动车、徒步等低碳出行方式，更好地丰富旅游生活。

在行程选择上，合理安排旅行线路，尽量采用最短的行程距离及最环保的交通方式，预订一个距离目标景点比较近的旅馆，或者干脆选择一个公共交通发达的地区作为旅游目的地。这些不仅可以节省资金，同时也更加环保。另外，学会通过互联网搞定大部分行程安排。使用电子客票、网上预订客房，可以节省不必要的印刷票据产生。

关于行李，服装尽量选择全棉或全毛质地的。自带环保筷子、充电电池。可以选择太阳能背包，包面上的太阳能板可通过吸收转化太阳能给随身携带的电子产品充电；记得自己带上牙膏、牙刷等洗漱用品，不要使用酒店提供的一次性六件套，减少一次性用品的污染对于减少碳排放是很重要的。目前国内许多生态景区都出现了不提供一次性用品的酒店，随身携带棉布的环保购物袋，尽量少带、少用塑料袋。衣袋里备有手绢用于擦汗，尽量不用纸巾。

想要更好地发展绿色环保的低碳游，首先要在市民中普及低碳游的理念，使低碳的观念深入人心。对参团游客来说，旅行社的引导作用非常重要。

真正的低碳游是一种高端出游线路，主要体现在旅游用车及吃、住等方面都很节能。比如在行程中要用排碳量小的车；减少一次性餐具的使用。低碳游之所以线路价格很高，最重要的一点是住宿的酒店基本都是特色环保酒店，同时这些酒店的价格都较贵。

旅途中的酒店也是碳排放的大户，像洗浴用品、每天的床单换洗与房间的清洁都会造成污染。时下，南京一些五星级酒店已经有了“旅游公益自行车”，住店的外地游客可免费骑行，其目的就是向旅游的客人推广低碳旅游方式。

南京市的旅游公益自行车

在政策方面，除了原有的《绿色旅游饭店评定》对饭店业界环保意识的促进，新的《五星级饭店评定标准》也将强化对饭店绿色化的要求。目前，各地旅游主管部门正纷纷出台对饭店环保节能的支持和奖励政策。比如推进节能环保，支持宾馆饭店积极利用新能源新材料，广泛运用节能节水减排技术，实行合同能源管理，实施高效照明改造，减少温室气体排放，积极发展循环经济，创建绿色环保企业等。对酒店业来说，选择节能减排、低碳环保，不只是承担企业的社会责任、响应政府的号召，更是为企业提供一种全新视角来审视流程、定位、行业、供应链、价值链，从而降低成本、增加效益、创造价值并构建自己的竞争优势。

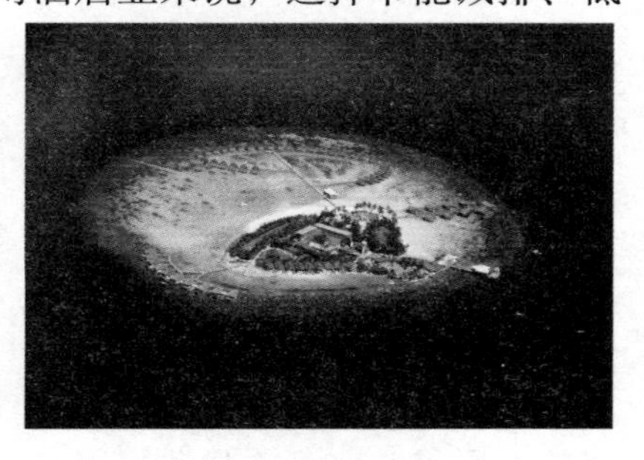
美丽的马尔代夫因面临海平面上涨的末日危机而推出了末日游项目

出于对全球变暖和过度开发的担忧，人们也越来越希望赶在珍贵的自然景观消失之前再去游览一番。“末日游”应运而生，如阿拉斯加、巴塔哥尼亚、北极和南极的冰山、大堡礁、马尔代夫等。同时，低碳游产品也正成为当前国内游的流行趋势。

低碳旅游

作为旅游主体的广大旅游者，要为低碳旅游出把力则相对容易得多。有关环保专家指出，其实低碳旅游做起来并不难，只要留心，既可以节约不少出行成本，又能为环保尽一份力。

假日去郊外的旅游者，只要稍稍改变一下习惯，在汽车后备箱中放上一辆折叠自行车，开车至郊外，改骑自行车去体验野外的自然风光，便能在回归自然的同时切实为低碳做点贡献。骑单车或是徒步这两种以人工为动力的旅游，是每个人都能采取的最简约的低碳旅游方式。

出游时，避开热点或过度开发的旅游目的地，避开旅游旺季和公共假期，因为旺季旅游会增加对环境的负担，而且大概会花费双倍于平时的费用。选择目的地住宿时多考虑小规模酒店或青年旅馆，虽然这类旅馆仅提供最基本的设施，但意味着能够消耗更少的资源。在星级酒店中住宿时，

不妨使用一些减排的小窍门，如集中使用一条毛巾或浴巾、洗浴用品自带等；如果连续住宿几天，还可以不用每天更换床单被罩等；离开的时候手动关掉电视机和空调等电器。

八、低碳游暗香浮动

2009年年底的丹麦哥本哈根气候大会，让“低碳”这个词前所未有地涌入旅游行业，各种低碳旅游方式扑面而来。进入2010年，6月5日的世界环保日、17日的防治荒漠化和干旱日都在提醒我们环保的重要性始终存在。徒步，无疑是低碳旅游的首选。

徒步

说到零排放，非徒步莫属了，不仅环保，而且能很好地锻炼身体。现在徒步爱好者的群体越来越大。如果你前往瑞士，就会被徒步这项运动深深吸引。徒步旅行在瑞士是一项全民运动，瑞士在境内规划了总长达6.8万千米的徒步旅行路线，其中有近60%是山路，并且还有详细的地图作为参考。在瑞士徒步可以欣赏湖光山色交相辉映的美丽风景。

走在著名的徒步旅行线路“阿尔卑斯之路”上，仿佛行走在画间。穿过瑞士石松森林和阿尔卑斯牧场直到茨姆特村，全程徒步时间2～4小时，“瀑布之路”经过伯尔尼高地上的少女峰山区和因特拉肯双子湖区的山谷，途中还可以参观72条瀑布。还有“山间花径”，从特吕布湖到格式尼阿尔坡，徒步穿越铁力士山，山上有许多美丽的山花开放，并有各种山花的详细介绍，全程1小时就可以完成。

桂林的漓江是许多国内徒步游爱好者的天堂，漓江优美的环境让漓江徒步之旅成为一种享受。不过，由于徒步漓江所经的地方道路较为曲折湿滑，因此最好在有经验人士的带领下进行。建议走“桂林—大圩—草坪—杨堤—兴坪—阳朔”路线，徒步距离50公里，约2天完成，沿途可领略漓江山水和古镇风采。

徒步是对环境影响最小的旅行方式。

露营

不管是搭帐篷还是驾房车，野外露营比起住酒店、旅馆都是既经济又环保的选择。在澳洲，房车家庭露营旅行非常流行。到了周末，全家就把家搬到户外，亲近大自然。

极地旅行

去极地旅行，并非因为人的介入不会带给极地任何污染，而是因为面对“那即将在人类的肆意消费威胁下将要消失的美景”，人类更能深刻体会到环境保护对这个星球的意义。

作为现今最时尚的旅游方式，低碳旅游正被越来越多的旅游者所接受。

低碳旅游也是一种低碳生活方式。所谓低碳旅游，就是在旅游活动中旅游者尽量降低二氧化碳排放量。即以低能耗、低污染为基础的绿色旅行，倡导在旅行中尽量减少碳足迹与二氧化碳的排放，也是环保旅游的深层次表现，其中包含了政府与旅行机构推出的相关环保低碳政策与低碳旅游线路、个人出行中携带环保行李、住环保旅馆、选择二氧化碳排放较低的交通工具甚至是自行车与徒步等方面。

极地旅行的景色

低碳旅游概念的正式提出最早见于2009年5月世界经济论坛“走向低碳的旅行及旅游业”的报告。该报告根据世界旅游业以及航空、海运和陆路运输业的联合调查写成。报告显示，旅游业（包括与旅游业相关的运输业）碳排放占世界总量的5%，其中运输业占2%，纯旅游业占3%。

随着2009年哥本哈根气候峰会的召开，环保的概念变得越来越受关注。低碳游作为一种新的旅游方式开始慢慢走向大众的旅游生活，通过

从旅途中的食、住、行、游、购、娱的每个环节来落实节约能源、降低污染。

事实上，在实践层面，民间的低碳旅游早已实行。多年前，在九寨沟等旅游景区，禁止机动车进入，改以电瓶车代替，以减少二氧化碳排放量。九寨沟能够多年一直保持清澈见底的水与其采用统一的环保大巴不无关系。

九寨沟美景的保持与其环保得力有关

不过，对于正在摸索低碳旅游可行性措施的旅游业界来说，要将现有的整体上比较粗放的旅游发展方式彻底扭转到低碳、环保的发展道路上来，需要做的事情还有很多。

而作为旅游主体的广大旅游者，要为低碳旅游出把力则相对容易得多。每个游客都是实施低碳旅游的个体，只有让环保成为一种习惯，低碳旅游才能成为真正的时尚之选。选用低碳旅游方式重在学会改变旅游观念，让高污染高排放远离我们。一些良好的生活习惯就能成为旅游习惯，比如学会转变出门就打车的出行模式，倡导公共交通和自行车、电动车、徒步等出行方式，都是每个旅游者很容易做到的低碳旅游方式。

2009年12月国务院通过的《国务院关于加快发展旅游业的意见》，就是在减排的大背景下，国家为配合低碳经济发展而进行产业结构调整的一个信号，而旅游业将成为最大的受益行业。和其他行业相比，旅游业很早就有了“无烟工业”的美称。旅游业本身属于服务行业，占用资源少，卖的又是环境和文化，而这恰恰与节能减排的目标相吻合。

越来越多的旅游者开始自觉地把低碳作为旅游的新内涵，出行时多采用公共交通工具；自驾外出时尽可能地多采取拼车的方式；在旅游目的地多采取步行和骑自行车的游玩方式；在旅途中自带必备生活物品，选择最简约的低碳旅游方式，住宿时选择不提供一次性用品的酒店。

九、“补”碳为碳排放埋单

如今，什么样的旅游方式最时尚？无疑，碳补偿已经成为一大热点。工业社会以来人类无节制的高碳活动产生了大量的温室气体，引起全球变暖，已经成为名副其实的一场生态危机。对于不断增加的二氧化碳排放量，环保“补”碳游成为一种潮流。

碳补偿是现代人为减缓全球变暖所做的努力之一。利用这种环保方式，人们计算自己出游过程中直接或间接制造的二氧化碳排放量，再通过各种途径抵消大气中相应的二氧化碳量。

补碳，就是碳补偿，即Carbon Offset，也叫碳中和。碳补偿就是现代人为减缓全球变暖所做的努力之一。利用这种环保方式，人们计算自己日常活动直接或间接制造的二氧化碳排放量，并计算抵消这些二氧化碳所需的经济成本，然后个人付款给专门的企业或机构，再自己亲身参与或者通过第三方植树或其他环保项目抵消大气中相应的二氧化碳量。

行前要进行补碳的碳足迹计算。

在制订好出游计划之后，我们就可以估算自己的碳足迹了。碳足迹是指一个人的能源意识和行为对自然界产生的影响，简单而言，就是指一个人的碳耗用量。

一个人的碳足迹，如果细分可以分为第一碳足迹和第二碳足迹。第一碳足迹是因使用化石能源而直接排放的二氧化碳，比如坐飞机出行，飞机会消耗燃油，排出大量二氧化碳；第二碳足迹，是因使用各种产品而间接排放的二氧化碳，比如消费一瓶瓶装水，表面看和二氧化碳排放无关，但在这瓶水的生产和运输过程中其实也产生了碳排放。

目前已有许多网站提供专门的碳足迹计算器，只要输入你的某种生活数据，就可以计算出相应的碳足迹。比如，进入山水自然保护中心网站，

在碳足迹计算器中输入使用汽油10升，计算得出相当于排放了22.514千克二氧化碳。

计算碳足迹的基本公式是这样的：

家居用电的二氧化碳排放量（千克）=耗电度数×0.785。

开车的二氧化碳排放量（千克）=油耗升数×0.785。

乘坐飞机的二氧化碳排放量(千克)：200千米以内=千米数×0.275；200～1000千米=55+0.105×(千米数−200)；1000千米以上=千米数×0.139。

轮船：人均每百千米排碳约1.02千克，乘轮船旅行约8039千米=1棵树。

汽车：人均每百千米排碳约29.7千克，乘汽车旅行约276千米=1棵树。

飞机：人均每百千米排碳约13千克，乘飞机旅行约631千米=1棵树。

火车：人均每百千米排碳约1.1千克，乘火车旅行约7455千米=1棵树。

计算碳足迹的意义在于，一旦明白了自己的碳足迹是从哪里来的，我们就可以想方设法去减少它。

对于航空乘客而言，也可为碳排放买单，这就是一些航空公司提出的碳补偿计划。随着家庭、企业和运输系统二氧化碳排放量不断增长，碳补偿作为一种自主减排新方法正日益受到瞩目。国际上已有若干家航空公司推出此项业务，如中国香港国泰航空、美国联合航空公司都推出了系列产品。

例如，某航空公司就与非营利性机构可持续发展旅游国际组织合作，推出碳补偿计划。此项计划是自愿性的，可以让乘客了解到其选乘航线行程的碳排放量，并且可以通过其计算出的碳排放量，向可持续发展旅游国际组织进行补偿捐献。

在某航空网站上看到，只需登录“飞向更蓝天”网页，根据提示填好相关数据，系统内的网上计算器就会根据飞行里程及客舱级别计算出碳排放量和所需的“碳费”。值得一提的是，目前国际上对于“碳费”没有一个统一的标准。碳排放量的计算难以直接做出比较，因为不同的航空公司各自有一套计算碳排放量的方法，而且诸如机种、乘客的组成类别、货物的分配乃至机舱设施及航线结构等数据可能相差甚远。

旅途中的酒店也是碳排放大户，因而要做到碳补偿，最好首先就住绿色和碳中和的酒店，少排碳甚至不排碳。

十、选择低碳出行方式旅游

低碳旅游就是在旅游活动中旅游者尽量降低二氧化碳排放量，这是环保旅游的深层次表现。据了解，低碳旅游包含了政府与旅行机构推出的相关环保低碳政策与低碳旅游线路、个人出行中携带环保行李、住环保旅馆、选择二氧化碳排放较低的交通工具甚至是自行车与徒步等内容。这种环保健康的旅游方式正在迅速成为新一代的时尚旅游概念。

从各大旅行社了解到，虽然低碳意识正慢慢走进大众旅游，低碳游作为专业产品也逐步向市场推广。

严格地说，没有一次旅行是不产生二氧化碳的，那么究竟要怎样来降低二氧化碳排放，快乐出游呢?

在所有交通工具中，飞机的碳排放量是最高的，在短距离空中旅行中，每名旅客产生的二氧化碳排放量约是铁路交通的3倍以上，而作为一个行业整体，则约占全球温室气体排放量的2%～3%。

有些旅行社在游客报名时除了强调低碳环保外，同时赠送每位游客环保袋一个。目前市场上已经有不少旅行社都积极行动起来，在各条线路中融入低碳元素。

比如，提醒游客出游自己携带洗漱用品，一次性的口杯要减少使用。有些华东游的行程中安排了骑车行程，由旅行社提供自行车，让游客舍弃大巴车，骑着自行车游览市区风景，既能深入地感受当地风情，又节能环保。

低碳出游不单单从交通工具上考虑，还要通过从旅途中的食、住、

行、游、购、娱的每个环节来落实节约能源、降低污染。

要想更好地发展绿色环保的低碳游，首先要在市民中普及低碳游的理念，使低碳的观念深入人心。只有让环保成为一种习惯，低碳游才能成为真正的时尚之选。

低碳旅行

当国内自驾游如一颗新星冉冉升起时，欧洲已经开始提倡不开车的完美假期。目前，有越来越多的人开始放弃私家车，选择二氧化碳排放量较低的交通工具，例如徒步、骑自行车，或者乘坐公共交通工具等，并用自己的行动弥补旅行所释放的二氧化碳。

尽管旅行是一个享乐的过程，但在人们追求舒适生活并愉悦自己的同时，也正在增加着碳排放量。一次长途旅行飞机的碳排放量是相当惊人的，到达目的地后又不免乘坐汽车等交通工具，入住酒店产生能耗等，这些最普通的旅行行为都会带来不同程度的碳排放。

在北京外企工作的王小姐是一位旅游爱好者，她经常在闲暇时选择用旅行来放松自己。“因为喜欢购物，出国旅游时常常会特意选择中途经停香港、新加坡等地，满足自己购物的爱好。”而一位好友的建议却让王小姐的出游习惯有了改变。

“朋友告诉我，直飞比中途经停要节省很多燃油，可以减少碳排放，而且很实惠。尝试了几次后，我发现直飞的行程确实很舒适。所以，现在我都会尽量少选第三方转机的线路。至于购物的乐趣，其实在很多地方都可以实现。”王小姐说。

记者算了一笔包机游的低碳账：以北京飞马尔代夫为例，普通行程如果搭乘斯里兰卡航班，要两次经停才能飞到马尔代夫的马累岛，往返差不多要花26个小时的时间。如果采用直航包机，往返只需16个小时左右，大概可以节约10个小时的飞行时间。

飞机飞行时每燃烧1千克航油便会向大气层排放约3.15千克二氧化碳。那么节省10个小时飞行时间，也就意味着少向大气层排放二氧化碳8.5万千克，对于280人的大型客机来说，人均可少排放303.75千克二氧化碳。

其实减碳很简单，节制欲望，学会节约，尽可能地不浪费能源，不制造太多的垃圾，为你的旅行生活做减法，这种最朴素的道理也就是减碳的本质意义了。

十一、入住首选——碳中和酒店

2007年，在上海开了中国首家碳中和Urbn酒店，倡导低碳消费，并通过计算客人消费产生的碳排放，以碳积分形式收取费用。Urbn酒店原来是一处工厂的旧仓库，酒店内部的墙面和地板绝大部分建筑材料来自本地的回收材料，如拆自老房子的上海青砖和硬木，不少砖面上凸出的编号也被保留。在酒店设计中，传统空调系统被环保系统所取代，窗前奇特的竹管装置，有助于遮挡夏日强光，保证足够的冬季日光照进房间，同时也能收集雨水灌溉顶楼的花园。

除了四处回收旧地板、旧砖来作地面和墙面的装饰，Urbn还把房间定义为“不穿鞋区”，因此免去了地毯，减少了洗涤剂带来的污染。此外，酒店也把浴缸从淋浴房“解放”出来，从而避免客人对水的浪费。

在这家低碳酒店里，包括员工通勤、食品和饮料递送及客人起居消耗的各种能量都被记录，并累积计算相应的碳排放；之后，酒店将通过投资中国的绿色能源发展和减排项目，购买积分以中和其自身的碳排放。酒店客人也可选择通过购买碳积分来补偿他们在旅途中的碳排放。

在酒店的主页上，用了大量的图片和文字介绍了绿色环保的重要性，并号召人们共同珍惜地球：所有的努力和行动，微小的或是巨大的，都将缓解全球变暖的趋势从而帮助我们的地球。

正如Urbn的创始人所说的：我们相信一个城市不仅是旅游目的地，更是具有鲜明性格和特征的地方，等待着每一位旅客的发现和享受。不管是为了商务或是休闲，我们将会让您在上海留下难忘的经历。

据悉，Urbn酒店的所有者准备将碳中和精品酒店模式推广到中国其他城市，目前正处于筹备阶段。“如果10年以后，中国仍只有这样一家碳中和酒店，对我们来说是件好事，对中国的环境来说，却是灾难。”这位负责人说。

如今，我们能够发现，身边有了越来越多的人外出旅行除了拍照什么都不带走，除了足迹什么都不留下；出门尽量乘坐公共交通工具或者搭顺风车，尽量不打车；在酒店住宿，尽量少更换浴巾毛巾，或者自带洗漱用品，出门注意关灯关空调……大家正在用自己的实际行动实践着低碳旅行。但与此同时，我们也看到很多高碳的旅行方式，私人飞机、豪华游艇、私人轿车接送、独享度假别墅等，由此可见碳补偿的观念还没有广泛普及。

旅行是一个享乐的过程，在人们的物质生活飞速发展的今天，为了减碳停止旅行活动是不现实的，也许从今天起，作为一个热爱自然的旅行者，你可以用心想想，我们在旅行中可以怎样尽可能减少碳排放，减少给地球、给大自然带来伤害。

决定生活方式的是生活观念，转变旅行观念应该从今天就开始。事实上，有越来越多的环保人士开始各种“不乘坐飞机也能旅行”的尝试，公民教育中，低碳旅行也越来越深入人心。下一站，请跟随我们，踏出低碳旅行的第一步！

低碳生活是一种态度，而不是一种能力，因此，每个人都能做到。低碳生活也不是赶时髦，它必将成为我们以及子孙后代的生存方式。

第六章

低碳消费的另一种形式——省钱

一、省钱时代的来临

“花最少的钱，获得最大的享受”——这是新节俭主义的精髓。

时尚大师汤姆•福特曾说过：时尚不只是服饰，而是整体的生活方式“省钱而不降品位，省钱而不失时尚，省钱而不减体面”，眼下新节俭主义正成为一种时尚。

折扣消费时代来临

受国际金融危机影响，消费者将钱袋捂得紧，而只有当商场不再以噱头忽悠人，而是真正拿出诚意——折扣时，对于消费者而言才是最大的福音。

热衷于时尚品牌的淘宝一族争相在网上晒出了自己买到的折扣“战利品”。和往年不同，除了各大商场铺天盖地的折扣促销信息，今年在京城有着低价、时尚之称的几大时尚品牌ZARA、MNG、H&M、Z&A也加入了折扣促销行列，以诱人的折扣价吸引消费者，拉开了当前新一轮时尚竞争之旅。

折扣消费时代已经来临。如果在百度搜索引擎中输入“京城、折扣”等词，就会跳出京城折扣网、热线折扣、打折论坛等多个购物折扣网站，

“折扣消费”时代来临

信息多达上千条。这些打折消费网站实时发布各类消费场所的优惠活动信息，告诉你哪里正在打折，折扣是多少，还提供部分商家的优惠券、打折卡等，成为网络上争相转载和下载的热帖。

眼下折扣店就像一块巨大的磁石，吸引着不同层次、不同年龄、不同需求的人们的注意力。前不久，广东省举办了“首届折扣商品展销会”，其盛况超出了人们的想象。折扣商品营销目前已经成为一种新的业态，消费者在头脑中已形成了折扣消费的理念，无论是名品还是普通商品，“不打折不消费”已成为很多人的共识。

省钱经备受推崇

时尚不一定意味着要奢华、铺张。日子要过，钱要少花，还得保持品质。在国际金融风暴席卷全球的今天，全世界都在倡议节俭，并把节俭作为一种文化加以推崇。面对攀升的物价，时尚达人们除了提升自己赚银子的能力，还得提升自己省银子的技巧。

在节约消费潮流的带动下，各种新消费方式迅速流行开来。著名的酷抠族在圈内流行着一首颇为有趣的打油诗：“不打的，不下馆子，不剩饭，上班记得多锻炼，家务坚持自己干。”最近还有一项有趣的调查显示：65%的北京、上海、广州白领在近3个月内加入了带饭上班的大军；有约48%的人已经在网上购买洗发水、牙膏、护肤品等日用商品；使用第三方支付网上预订机票的人数也大幅增加。此外，省钱的方法还有很多，诸如玩转各种折扣券和VIP卡，参加团购，买反季服装，拼饭、拼车、拼房（合租）、拼婚礼（合办婚礼）等。各种省钱经也在网络上蹿红，如“晚上9点去超市；上午买机票最便宜；电影要看打折的”等，这些省钱经契合实际，追捧者众多。在2009年，还有一种头衔——“省长”也备受推崇。这里说

酷抠族漫画

的“省长”是指省钱高手。省钱不是不消费，而是理性消费。越来越多的年轻人开始认识到，有智慧的抠门同样能带来优雅的生活质量。

新节俭主义提倡理性消费

消费热衷打折，勤俭节约备受提倡，面对新节俭主义风潮，应当注意到它与传统意义上的节俭的区别。新节俭主义者声称：省钱，是为了改善生活质量，并非降低生活质量。

一位社会学家认为，新节俭主义盛行客观上与国际金融危机导致的荷包缩水有关，但实质上反映出的是一种更为理性的消费意识。新节俭主义者并不是在所有生活细节上都抠、省，他们是精明地利用各种消费信息和消费途径，有意将生活中一些可有可无的消费省去，并充分利用各种商业信息，做到省钱但不降低生活品质，这是一种成熟的消费观念的体现。专家同时指出，新节俭主义所倡导的理性消费观念是必要的。理性消费不是抑制消费，而是有计划、有目的地消费，由此可以培养出科学的理财能力。

二、生活必需品还是奢侈品

我们通常会怎样描述自己的幸福生活？引用作家兼新闻工作者汉斯的说法是这样的：“他们总有时间做自己想做的事情，能自己决定做什么或者做多少、什么时候做、在什么地方做。”这位德国作家在预测新奢侈品的未来走向时，为奢侈品定义的其中一项是：闲适。这

生活必需品还是奢侈品

与罗素在《幸福之路》中宣扬的悠闲是一个意思。

罗素所指的悠闲当然并不是无所事事，而是有时间去做你谋生以外感兴趣的事情。这不能直接作为我们为奢侈品定义的标准，但却将幸福指往一个方向：享乐，以及创造享乐方式。

奢侈在词面上的意义是挥霍浪费，尽管种种调查研究表明2010年的中国奢侈品消费市场将会成为全球第一大市场，全球各大奢侈品生产商纷至沓来，要抢先在这个市场上圈占地盘，我国的“开征奢侈品消费税”也引出了“奢侈品定义”的讨论。什么是奢侈品？奢侈品消费时代的到来究竟是好是坏？

对于一个偏远山区的孩子来说，一双干净的白布鞋是奢侈品；对于20世纪60年代的人来说，烟酒是奢侈品。完美的人生有三大件：自行车、手表和缝纫机。对于下了班坐在星巴克喝咖啡的白领来说，法拉利是奢侈品……尽管不同的地方，不同的人群、不同的年代有不同的奢侈品定义，但有一样东西是不变的：通过某些奢侈的物件，我们可以到达幸福生活的彼岸。

学会如何从工业时代所创造的物质条件中获得好处，也是罗素在《幸福之路》中指给我们通往的幸福方向之一，他将这归到“心理问题”，也就是说，物质，也是商品的拥有，确确实实可以带来幸福感和安全感。工业时代给我们带来的是什么？正如国际上关于奢侈品的定义：一种超出人们生存与发展需要范围的，具有独特、稀缺、珍奇等特点的非生活必需品。显然，工业时代仅仅靠生产香皂及柴米油盐是发展不起来的。

非生活必需品的创造及享受已经成为奢侈的一个标准，无论你将之指向物质还是精神，它都是论证“幸福生活”的一个重要依据。我们很难想象，如果你无法欣赏和喜爱你正拥有的一切，你的幸福感从何而来？

奢侈品，即非生活必需品，是我们共同将多余的时间、金钱和精力创造出来的物品，尽管它大多数时候表现的是商品，但它往往包含着设计师、艺术家的创意和心血，承载着一个品牌与人类文明发展史不可分割的文化深度，它代表着工业制作顶级的水准，它的制作过程，从生产商、制作者到购买者，是对幸福生活美好愿望的精心雕琢和打磨的过程。奢侈品是无忧无虑的，它是高贵而温情的，它备受呵护和赞美，它超越一切苦难和悲伤，超越尴尬的求生本能，不断地更新我们的生活方式，并将人性最值得颂扬的积极面镶嵌在时代的围墙上。

我们在这里将奢侈品消费时代假想成带领我们走上幸福之路的时代。但在中国，仍然只是少数精英在享受这种“幸福生活”，尽管奢侈品有着违背节俭这一美德的另一面，但我们不得不承认，奢侈品的号召力正是精英层不断增加的最大动力。所以，我们不能腹诽身挎万元名牌限量版包的前台文员，尽管大家猜测他的薪水恐怕只够他交房租的，但那名牌包于他正代表着一种美好的向往。你可以从一个人身上夺走一切，但不能夺去他对美好生活的渴望。

奢侈品之豪车、游艇

在奢侈消费的族群里，中国年轻人占很大的比例。他们跟国际接轨快，容易受国际奢侈品的营销手段影响，追随它们的文化，虚荣心、攀比心比较严重。

从我们当前将奢侈品展的名称特意定为“奢适”就可以看出，我们要做的就是区别于以往对奢侈的看法，提倡的是适当消费、个性消费，强调精神、文化层面上的愉悦享受，这跟盲目地追随一些奢侈品的消费是不同的。

尽管一系列数据（中国奢侈品市场年销售额达到20多亿美元，并以20%的速率激增）显示中国奢侈品消费市场发展势头迅猛。但奢侈品依然是属于少数精英的专利，即使是所谓的中产阶层，也依然囊中羞涩。于是，在能力允许的范围内，我们提供了其他可以奢侈生活的途径，这远远低于你把所有的东西及配套服务买下来。

“可拥有但非必需”，这是几乎所有权威英文辞典对奢侈品Luxury的定义，奢侈品是“一种超出人们生存与发展需要范围的，具有独特、稀缺、珍奇等特点的消费品”，它不是生活必需品，却能满足人们特殊的心理需要。用更形象的说法就是“用一头牛的价格买一个小牛皮钱包”。

奢侈品的产生与发展和社会政治经济、区域文化背景紧密相连，在经济繁荣期，可支配收入增加，富裕人群扩大，奢侈品业无疑是经济持续景气的最大受益者之一。过去十多年来，奢侈品零售量一直在迅猛增加。如今，在全球经济和金融危机的冲击下，奢侈品行业呈现出缩减和衰退现象，这是必然的结果。

如果这场金融风暴仅仅影响的是人们的可支配收入和购买力，也许奢侈品行业眼下也不至于经历如此深层次的调整和滑坡。更为关键的是，消费者的心理以及生活观念、生活方式已经在金融危机的冲击下发生了不小的转变。在奢侈品牌的大本营法国，奢侈品产业被看成是“法国的另一艘航空母舰”，每年为法国创造120亿欧元巨额产值。然而，进入21世纪，欧洲的奢侈品消费就已经逐步退烧，如今巴黎香榭丽舍大街上林林总总的奢侈品商店中，大多是来自其他国家旅游者的身影。欧美及日本、韩国等亚洲国家的许多人不再把奢侈品当成标榜自身身份和地位的象征，越来越多的人更加注重健康的生活方式，以一种理性、客观、成熟的态度来看待奢侈品。

奢侈品店面

也正是这种在早几年已经显露的趋势，推动奢侈品牌将包括中国在内的新兴市场国家作为一个长期的战略重地。而新兴市场消费者对奢侈品的狂热追捧，更被奢侈品牌视为抵御危机的救命稻草。甚至有人认为，奢侈品牌要想安然度过经济危机，真正的决定性因素就取决于其在新兴经济市场中的布局。

在新兴市场中，中国无疑是一块巨大而诱人的蛋糕。中国经济快速成长，加上奢侈品消费者的人数大幅增加，大大促进了中国奢侈品市场的发展，而且它的潜在成长空间仍然十分巨大。有数据表明，中国已经成为世界第三大奢侈品消费国，仅次于美国和日本。到2015年，中国的奢侈品销售额将超过115亿美元，奢侈品消费总量将占全球的29%。这对于在欧美渐渐进入寒冬期的全球奢侈品行业来说，中国市场的诱惑力可想而知。因此，到目前为止，几乎所有的世界顶级品牌都在中国设有分店，很多一线品牌不惜血本也要尽快在中国站稳脚跟。然而，中国的奢侈品市场发展还不完善，仍在一个逐步进化的过程之中，中国的广大消费者对奢侈品的认知也尚处于成长状态，这就形成一边急于扩张而另一边却无力消化的尴尬局面。

与此同时，我们不难看到，在金融风暴肆虐，全球经济萧条的大环境下，奢侈品行业危机四现，而平价时尚风势头却正猛。一些平价时尚品牌比如美国的GAP，西班牙的ZARA，日本的UNIQLO，英国的PRIMARK等均呈现逆市飘红之势，这些平价时尚品牌经营内容各不相同，却都具有相同的特点，那就是时尚、快速、低价。

经济不景气，必然导致节俭主义的重新盛行（区别于老一辈的艰苦朴素而言），也预示着“新奢华主义”的兴起。金融危机把人们的节俭意识加速激活，形成了理性回归。奢侈品牌多是高端消费品，对消费者而言，绝非生活必需品，有钱时多用，没钱时少用。与传统的节俭和奢华不同，所谓新节俭主义，其实是一种以理性务实的态度面对人生，其核心观点是，收入虽然不菲，支出却要精打细算。而所谓新奢华主义提倡的是一种“奢而不侈，华而有实”的消费观念，它更加注重产品内在和生活品质，要奢侈而不浪费，要华丽而又实在。

外部环境萧条，平价时尚崛起，人们生活观念转变，加上奢侈品本身面临的种种挑战，给奢侈品的未来之路增加了更多扑朔迷离的不确定性。可以预计，中国等新兴市场普通人群追逐奢侈品的狂热在未来也会逐渐降温，步入理性。新节俭主义与新奢华主义已经并正在渗透生活的方方面

面，悄无声息地改变着人们的生活习惯、消费习惯。而这些改变，很可能产生蝴蝶效应，引发各领域的巨大变革，继而引爆新的商业势能。

但是，我们也应知道，有钱人永远都存在，奢侈品市场也因此不会消失。面对低迷萧条的经济大环境，奢侈品巨头们需要思考的不仅是如何应对衰退的现实问题，而且是产业长期增长的驱动力。

还是以牛来举例。大家都知道，作为日本特产，神户牛肉常常出现在招待国宾的宴会上。据说一头在比赛中曾获金奖的神户牛甚至叫出了722万日元（约合人民币50万元）的高价，用这样的牛做出来的牛排价格可想而知了。神户牛肉为什么能成为奢侈品？因为他们宣称神户牛是喝着啤酒、洗牛奶浴、吃着药膳、听着音乐、享受着按摩长大的。讲这个例子不是叫大家都要去给牛喂啤酒，而是要阐释一个道理，崇尚奢华、追求高贵是人性使然，奢侈品并非没有市场，关键是要给奢侈品一个强有力的购买理由。如果不提高奢侈品的价值取向，寻求新的利益驱动力，只一味在透支品牌“血统”来溢价，那么，奢侈品可能真要把自己奢“耻”了。

神户牛

奢侈品是“一种超出人们生存与发展需要范围的，具有独特、稀缺、珍奇等特点的消费品”，又叫“非生活必需品”。在中国，消费得起上百万元的奢华族还是少数，绝大多数还是商人、演艺圈人士。可现在不断加入其中的普通人却让奢侈品的消费一族有了新定义，是什么呢，“月光族”（每月都把薪水花光）、“新贫族”（收入不错，却总是处于贫困状态）、“百万负翁”（总处于负债状态）。这听着都挺悬的，那么，这些大胆的消费群体又是怎样来消费奢侈品的呢？

上海一家媒体曾对江浙沪三地1289名网民进行了一项关于奢侈品消费的调查，结果显示，68.8%的受访者愿意买奢侈品，56.7%的受访者更曾有过为此特意存钱的经历，受访者在奢侈品上的人均年消费达到22062.8元。更有调查称，内地奢侈品消费者已占总人口的13%，大部分消费者为年龄低于40岁的年轻人，比欧美普遍超前5年。

为了购买奢侈品而不惜透支消费，现在这样的月光族不少，而且越来越多了。最新统计显示，目前中国奢侈品市场价值约为20亿美元，占全球奢侈品销售总额的3%，而近半年来，有关奢侈品的各类活动也频频光临中国。2010年5月，首届国际顶级时尚品牌高峰会在上海举行；6月，世界最有影响力的奢侈品展览登陆上海；7月，复旦大学决定推出研究奢侈品和时尚产业的MBA项目；10月，奢侈品的全球性盛会——每年在摩纳哥举行的国际顶级奢侈品展览也驾临上海，再次拉开奢华的大幕！

我们不禁要问，中国真的已经到了消费奢侈品的年代了吗？

三、巧手DIY的潮流生活

与其对着一些弃之可惜的废旧物品发呆，不如就像罗丹所说：生活中并不缺少美，而是缺少发现美的眼睛！让我们动点心思，想点创意，从DIY（自己动手做）开始，让生活够炫够精彩！

家居DIY

有个性的室内设计者通常围绕着一个问题进行新居的设计："我追求什么样的风格？"要是你花时间去细心观察一下你所欣赏的样板间或好友的家，并认真体味其中吸引你的细节所在，回答这个问题将非常容易。

也许是家具和墙面的色彩对比打动了你，也许是并不显眼的雅致纱帘

家居DIY

令你难忘。每个房间的感觉也各不相同：是宁静祥和还是令人兴奋？是空气清新还是压抑郁闷？是紧张躁动还是放松自如？分辨清楚哪些地方让你喜欢，哪些细节让你厌烦，你的选择将能容易许多。总之，穿门过户、取长补短是自己做设计的一大法宝。

去粗取精以后，还是回到自己身上来。不论你的灵感来自何处，都可以试试这个办法。收集那些能够导致你联想的玩具：童年中印象最美的一处景观、一件爱不释手的衣服或是一张节日贺卡，这些东西都大有文章可做。把它们摆在一块儿放在面前，接着任凭你的想象驰骋。慢慢地，你能发现你很难忘怀的部分色彩和风格总是非常类似的，以此你可以根据它们来选择家居的色调和样式。例如，要是你发现自己喜欢古朴自然的玩意儿，那么不妨选择耐用的亚麻布来做家具和窗帘装饰布。

家居装饰讲究功能和审美两方面，要是二者不能兼得，不如避重就轻。选择那些你能承受的装饰原料和家具，放弃那些太昂贵的品种和款式。任何居室中都少不了几件现代风格的家具，因为它们的功能不可或缺；反之许多房间里都有纯装饰性的物件，它们虽不实用，却有画龙点睛的功效。此时你不妨根据内部自身的预算情况逐件挑选，放弃某些不重要的物件。

总之，我的地盘我做主，最具风格和最受欢迎的室内设计常是那些对比强烈、创意大胆的作品。

整体风格确定后，小饰物也是必不可少的。

花带给人的感觉是多样的，可以是粗犷或带着原始之美的，和木头、石块等自然材料搭在一起，它们充满了张力和生命力。如玉纤纤细指、静静的美人，将细节之美融入花艺，而它也会将感动带回。

墙贴，与传统的手绘墙不同，已经给你设计和制作好现成的图案，只需要动手贴在墙面、玻璃或瓷砖上即可。无须挥泼笔墨，只要搭配整体的装修风格，以及主人的个人气质，选一幅好的图案贴在家里，不但能彰显出主人的生活情趣，让家赋予新生命，也引领新的家居装饰潮流。

自制布艺小动物，让饰家的小创意随时点缀其中，也让充满温情的感觉在心中荡起阵阵涟漪。真是羡慕心灵手巧的人呀，一块块的碎布在他们的手里变成了一只只活灵活现的小动物，抱在怀里，仿佛回到童年。

四、变废为宝，乐在其中

某事物之所以被称之为“废”，是因为它已不能发挥自身的使用价值了，但这并不代表它不具有使用价值，而是因为它的使用价值在这种特定的历史条件下不能发挥出来。

变废为宝的方法有两种

正所谓“变则通”，如果对“废物”进行合理的加工、改造、拆分或重组，它就有可能释放潜在的使用价值，变废为宝。最典型的例子就是石油——刚开采出来的石油是多种烃的混合物，黑乎乎、黏糊糊的，没有什么用处——但经过层层蒸馏、减压蒸馏，却可以获得汽油、柴油、润滑油、航空汽油、聚乙烯……就连剩下的残渣都是生产蜡烛、沥青的主要原料。所以不存在绝对的废物，只是我们还没找到改变它们的方法。

中国有句古话，“橘生淮南则为橘，生于淮北则为枳”。这说明，对于同一个事物，外部环境的不同可能导致其发生不同的发展方向。在某处

被认为是废物，移到另一个地方就可能变成宝物。这样的例子很多，比如黑白电视机，在中国早就淘汰了的东西，可是在非洲市场却大受欢迎，因为黑白电视廉价、实用，它对于贫穷的非洲国家是最经济的选择。所以不存在绝对的废物，只是我们还没找到能让它们发光的地方。

在我们的生活中，大家只要留心就能发现许多可以变废为宝的物品。例如，大家常见的牛奶袋。我在喝完袋装牛奶之后，就把牛奶袋保留下来，用来装一些新鲜的牛羊肉、丸子、饺子等，再把它们放进冰箱里，既环保又卫生。如果大家喝的牛奶是纸质的牛奶袋，还可以把纸质的牛奶袋铺展开并且清洗干净，再用结实的线把洗干净的牛奶袋子缝起来，就能做成一条不怕油的纸围裙了。

家里的皮制沙发在长期使用后，因为长时间灰尘清理不到位而渐渐失去了光泽，即使用布反复擦拭，也很难让其恢复光泽。建议大家在吃完香蕉后先留下香蕉皮，用香蕉皮的内侧来仔细擦拭皮沙发，擦完之后再用干布抹拭，沙发马上就焕然一新了。

生活中，有一样东西可以给你温柔的感觉，光着脚丫踩在疙疙瘩瘩的小地毯上，你会感觉一切都很真实、很温暖。而用碎布做成的地毯，也会让你眼前一亮。更重要的是变废为宝。用碎布编织成的环保家居地毯，不仅成本低，而且容易打理，可以放到洗衣机里清洗，这是其他地毯所无法比拟的。不要以为这种碎布地毯不登台面，其实很多实例就是将碎布地毯用在古典家居装饰中，因为碎布地毯往往没有抢眼的图案，朴素大方，反而更适于和各种家具搭配，更具时尚感。

变废为宝的饰品

鱼眼含有相当丰富的二十二碳六烯酸(DHA)和

二十碳五烯酸(EPA)等不饱和脂肪酸。这些不饱和脂肪酸具有增强大脑记忆力和思维能力、防止记忆力衰退、预防老年痴呆的作用；对高胆固醇血症、高血压等疾病患者也有辅助食疗作用。吃鱼刮鱼鳞是很平常的事。不过，鱼鳞也是好东西，含有较多的卵磷脂、多种不饱和脂肪酸，还含有多种矿物质，尤含钙、磷较多，所以鱼鳞是一种特殊的保健品。食用鱼时，最好不要丢弃鱼鳞。可将鱼鳞洗净，用水煮食，用葱姜蒜调味，放入冰箱后做成鱼鳞冻，食用也很方便。

类似的例子举不胜举。在日常生活中，我们要以变废为宝的眼光来看待各种垃圾，不能盲目、随意地丢弃，要看到它的深层次价值，最大限度地开发它的价值。

什么是节约？变废为宝就是最大的节约！

五、低碳消费是态度，也是责任

消费生活方式反映消费者的消费生活特征、消费价值观、消费嗜好与消费习惯。在实际消费生活中，它内在地通过消费偏好影响着消费者的消费选择，对不同消费品的选择必然引导着不同消费品的生产，从而不同的消费生活方式必然会引导不同的经济发展模式。

在工业社会下形成的快捷消费（如塑料袋等白色污染）、一次性消费（如一次性碗筷等）、炫耀性消费（如大排量汽车等）等消费观念，使人们在不经意中浪费着巨大的能源。在低碳消费观念的影响下，以追求消费有利于自身健康的同时也有利于大自然健康的绿色消费、健康消费等消费新观念逐渐形成，支持循环消费，实现消费与自然、社会的协调发展，正成为一种新时尚。个人要广泛参与，转变观念。

低碳生活，对于我们普通人来说是一种态度，而不是能力。要树立低碳消费观，实践低碳生活。比如选择晾晒衣物，避免使用滚筒式干衣机，每

天可以减少2.3千克的二氧化碳排放量；用节能灯替换60瓦的灯泡，可以将产生的温室气体减少3/4；在午休和下班后关掉你的电脑和显示器，将使这些设备造成的排放减少1/3等。勿以善小而不为，勿以恶小而为之。低碳生活其实只需要我们稍稍改变自己的生活方式。低碳经济的发展离不开每一个公民的努力与支持。

如今全世界都在呼吁人们选择环保的生活方式，比如为自己的碳排量埋单、多吃素、选择有机食品、买节能电器、建零能耗社区等。环保、节能，以及为了下一代的生存等环保口号总是能引起人的共鸣，也让人明白和谐共生的道理。

但从现状来看，人们为了环保，总难免承担一定的成本付出：一棵白菜，一旦贴上有机生态的标签，价格就是普通白菜的2～4倍；同样的家用电器，一旦被冠以节能的名头，就要比普通电器价格高出几百乃至上千元；一只普通的灯泡只要几块钱的价格，而一只品牌的节能灯泡却可以高达几十元；而一些宣称以环保为原则选取原材料的品牌，每件商品的价格都足以让人望而却步。

不仅如此，当环保与时尚结合时，它的奢华让普通人更加难以理解。当以环保名义出现的“I’ m not a plastic bag”棉布袋一经面世就受到众人的追捧。虽然它才上市时只需要5英镑，但是几个月后价格就涨了几十倍，在易趣网上，它的价格被炒高到199美元，虽是如此，想要把它领回家，还是要靠拼抢和运气的。

在它之后，爱马仕推出了既能当皮夹，又像丝巾的SilkyPop手袋，售价接近1000美元；香奈儿也是不甘落后，推出了1000美元的环保专利手袋。如此高的价格，让普通公众觉得环保让人难以亲近。

面对这种奢华的“环保”风尚，我们不禁要问，选择环保是否真的就只能选择昂贵？当环保成为一种责任时，我们该如何在环保和实惠之间寻找平衡呢？

联合国环保规划署执行主任施泰纳说：“在二氧化碳减排的过程中，普通民众拥有改变未来的力量。”

低碳生活倡导的是一种公众环保和社会责任理念，对于我们普通人来说既是一种态度，也是一种责任。

六、培养节约的意识和习惯

现在很多中学生甚至小学生都拥有或者曾经拥有过自己能支配的钱。为什么这样说呢？且不说平时爸爸妈妈因为种种原因给零花钱，如有的家庭是爸妈每月固定给一定数目的钱，需要什么，孩子自己去买；有的爸妈是不定时地给，或者孩子买个东西，爸妈给的钱没花完，剩下的钱就归了孩子；就说春节几乎每个孩子都收到数目不等的压岁钱，多则成千上万，少的也有几十上百的，这些压岁钱有的爸妈是“没收”了，孩子需要再跟父母要，有的爸妈则允许孩子自己支配。对于自己能支配的钱，孩子们的处理方法是不一样的，有的在几天之内就花个精光，有的则自己把钱存在银行或者放在储蓄罐里，平时只买自己生活和学习的必需品，这样攒钱买一个需要花钱多的大件物品；还有的孩子会在假期自己去做些不影响身体健康和学习的力所能及的零活，自己挣点钱。以上这些处理钱的方式，就是理财。

在现代生活中，理财能力是生活和事业上必须具备的最重要的能力之一，直接关系到我们一生的发展和幸福。理性的理财习惯使我们学会控制自己的欲望，具有要得到必须付出的意识，会明白世上没有免费午餐的道理，长大后就不会那么容易受骗，去相信一些小投资、多回报的骗局，减少被骗的机会，更有利形成独立的生活能力。我们中国有句俗话说，“吃不穷，穿不穷，算计不到就受穷。”这里的“算计”就是指妥善管理自己的钱。

青少年时期的我们不具备固定收入，不具备成熟的金钱和经济方面的意识，不具备熟练的理财能力，却具有强烈的消费要求和欲望，什么都想拥有，什么都想买。由于文化的不同，西方国家孩子的理财观念和习惯

就很好，父母不乱给孩子钱，上了初中的孩子假期出去打工是很普遍的事情，很多人上大学的学费是自己挣的。而在我们国家，出于对孩子的爱，父母无条件地给孩子钱，给太多的钱，甚至在家庭难以承受的情况下也要满足孩子的愿望，这样使得孩子没有学会控制自己的欲望，没有为了将来暂时忍耐的能力和习惯，还会使得孩子的虚荣心膨胀，这些对孩子的一生都造成了不好的影响。在报纸上经常看到这样的报道，一些大学生还未毕业，就已经因为信用卡过度透支欠下大量债务，最后被起诉到法院，这样的悲剧之所以发生就是因为从小没有养成正确的理财习惯。

因此，如果你有属于自己可以支配的钱，好好想一想该不该花，怎么花；怎样让每一笔钱都花得物有所值；如果条件允许，经过父母同意，你可以自己去试着挣钱，体会一下父母挣钱的辛苦。

七、购物省钱有高招

一般家庭中，妈妈是日常购物的主力，她要购买回来一家人吃穿用的各样东西，而且身为女性，闲暇时间爱美的她也会多逛几次商场，为自己买几件漂亮的衣服。这里有几个忠告可以帮助妈妈尽可能地省钱。

能批发的尽量批发。像卫生纸、肥皂、洗衣粉、牙膏等大量消耗的日用品最好去批发市场整件购买，这类商品能放很长时间不会坏，而且每天都要用，所以去批发市场大量购买，既比零买省钱又省去要经常买的麻烦。

货比三家。如今不少的商店同样的商品价格却有差别，因此在买商品特别是大宗商品前要货比三家，比较价格和售后服务后再决定在哪里购买。当然，货比三家的基础是先要对想要购买的商品的性价比有一定的了解，这可以通过网上查询、留心报纸上的介绍来做到，虽然货比三家比较辛苦，但是为了买到货真价实的东西还是值得的。还有，在家里需要添置大件物品时，要及早制订计划，多观察比较不同商场的价格，一段时间以后，在商家搞活动时把早已看好的物品买下。可能这件物品的外形有点过时了，但不会影响使用。

谨防“杀熟”。不要总是到熟悉的店主那里去购物，因为某些店主抓住你和他熟悉而不好意思还价的心理，开的价反而比较高，而去不熟悉的店或者货摊买东西就没有这些顾虑了，可以大胆还价，还不下来就另择他店。

少买不必要的衣服。服装在生产、加工和运输过程中要消耗大量的能源，同时产生废气、废水等污染物。在保证生活需要的前提下，每人每年少买一件不必要的衣服可节能约2.5千克标准煤，相应减排二氧化碳6.4千克。如果全国每年有2500万人做到这一点，就可以节能约6.25万吨标准煤，减排二氧化碳16万吨。

八、逛超市逛商场省钱的窍门

假日时，我们会陪着爸爸妈妈一起去商场、超市买东西，挑挑拣拣，看看尝尝，在享受购物乐趣的同时，怎样能买到称心如意、价廉物美的东西呢？下面告诉你几个窍门。

出发之前，先清点一下自己日用品的储备，在购物清单上列出必须购买的商品和如果遇到打折可以购买的商品，以免看到打折就兴奋，买回一大堆平时用不着的东西。特别注意打折食品的保质期，买得太多来不及吃过期了就是浪费。随身带个计算器，把购物筐里的物品自己先一一累计一下，随着钱数的上升，也许可以提醒你拿出那些并不急需或者可买可不买的东西。

购物最好放在周末。尽量把购物的时间安排在周末。周末虽然商场人较多，但商家也会因此推出许多打折酬宾活动，比如特价组合或者买二送一等的优惠。买打折商品很实惠，商品打折有的是因为快到保存期限了，有的就是单纯的促销。比如饼干、糖果等零食，遇上全家人都喜欢吃的，

在看清楚保质期限后，可以趁着特惠价的机会多买几包，挺划算的。平时也可以多注意超市和报刊登出的有关广告，了解商场推出的特价购物时段、打折销售的商品名目。但是，别在你饿得肚子咕咕叫时进超市，那会使你多买17%的东西，这就是“眼饥肚饱”的心理效应。

购物时，关注一下超市入口，商家喜欢把便宜货摆在那里，但是，购买便宜货时首先要考虑自己的需要，虽然便宜但是并不需要的东西买回来后积压在家里，白占了空间，并不划算。经常把眼光投向超市货架的底层部分，比较贵的商品，商家喜欢摆在与人们的眼睛平视的位置。注意力应该放在你想买的东西上而不是和它捆绑销售或者附赠的什么东西上。

以平常心看待购物有奖活动。超市或者商场常常举办有奖购物的促销活动，如买够多少钱就可以参加抽奖，商家这样做是为了刺激消费者的购买欲，所以要保持平常心，抵制住诱惑。买该买的东西，抽个奖，得个小赠品当然好，但千万不要为了得赠品而盲目购物。羊毛出在羊身上，要知道奖品也是从商家的赢利中拿出来的，因此中大奖的概率非常小，不要弄得大奖没抽上，没用的商品买了一大堆，真是得不偿失。

核对购物小票以防止意外支出。付款时收银员打出的购物小票最好核对一下，避免收银员把所购物品的数量或者价格弄错而造成的损失。当场核对，发现问题可以当场解决，省得回到家后再跑一趟，更何况离开柜台也许就说不清了。

警惕商家的买商品返券活动。现在商场为了促销，想了很多办法，除了打折、抽奖，最常见的还有买商品返券活动。如规定你买够多少钱的商品可以返还一定数量的购物券，钱花得越多，购物券返还得越多。结果你拿着返还的购物券再去买东西，一般是不添钱什么也买不到的，结果为了把购物券花出去，还得花钱，一来二去，钱花了不少，买的东西不一定都是自己需要的。其实商家就是用购物券来引诱顾客花钱，而消费者并没有得到实惠。

九、网上购物的十大省钱窍门

网购现在已经被消费者和网友公认为最有效的省钱方式之一，在网上总能找到比市场上价格低的商品，像服装、数码产品、日用品等商品的价格比市场价格普遍低30%左右；在图书网站上，几乎所有的书都打折出售，最低的可以打到5折，而在实体书店里图书是很少打折出售的。

大家都有在实体店购物的经历，要想找到便宜的东西，就得货比三家，非常麻烦；而在网上直接搜索商品的名字，就能看出哪个更便宜，省时又快捷。

据有关资料显示，2008年我国网购总交易量达594亿元，和2006年312亿元的总成交额相比增长了90.4%。消费者通过网络省钱这种方式是电子商务发展的产物，通过网购的日益普及，“网上价格低”这种观念已经深入人心。除此之外，网购还可以免去交通、天气等诸多因素的限制，因此受到不少网民的青睐。

第一，在网上买正版书。

卓越、当当都是买书的较好选择，每本书基本都有折扣，最关键的是如果你不是住在北京、上海等大城市，那么在实体书店买不到的书网上几乎都能买到，而且都是正版。网购全免邮费的优惠措施更是让人毫不犹豫地下订单。

第二，在商场抄货号回家上网买。

网上代购商场的货比在商场直接买东西平均价格便宜了30%左右，且网上购物送货上门，还省去了逛街时间、来回路费，方便快捷又省心。现在，这一招已经在白领当中越来越流行。

第三，化妆品网上购省到不可思议。

从高档的兰蔻系列到中档的欧泊莱系列，甚至最便宜的百雀羚，网上应有尽有。由于市面上的化妆品基本不打折，网购化妆品就成了省钱的上佳选择。不过相同的产品，价格可以从4折到9折不等，当然也有可能里面掺杂了

大量的假货，而且很难辨别。可以说网购化妆品是最省的，却也是风险最大的，最好还是选择信誉高、消费者评价好以及价格稍高的店铺。

第四，用网购折扣券购物。

肯德基、麦当劳、哈根达斯，电影院、百货店、餐馆、美容健身等，网络上的优惠折扣券应有尽有。消费前先上网“抠券”已经成为“网购族”们的血拼秘笈了。

第五，网上团购省运费。

如果买家在淘宝等B2C网站只想买一样东西，而且价格比较低的话，加上10元的运费，网购的优惠就荡然无存。但是和朋友、同事或家人一起买的话，不仅邮费便宜了，可能还会有意想不到的折扣。

第六，在网上交流闲置品。

有的女性喜欢买东西，买回来时觉得新鲜，但不久就不想用或不穿了，久置家中就被潮流所淘汰，还成了占地又多余的东西。可以把不需要的东西在网上出售或者交换，让资金流动起来，还能让自己不需要的东西得到利用，真是一举两得。

第七，网购异地特产。

很多异地特产离开当地就买不到，常常要托别人带，既麻烦又欠人情。现在网上一搜，各地的特产都应有尽有，而且有些价格还比市面便宜。

第八，海外代购买国外便宜货。

海外代购主要集中在以美元为主要交易货币的欧美区域，代购的商品主要交易集中在价格比较高昂的化妆品、保健品和服饰箱包三大类。由于金融海啸引发多种外币汇率下降，同一件商品国内外差价可达上千元。

第九，网上买低价机票。

南航、携程、E龙等都有近期最便宜的机票线路，有些是提前预订的，最低的折扣可以达到2折。

第十，网上购建材DIY装修既省又温馨。

买家具时，可以在当地的实体店看过之后去网上买，可以省不少的钱。实体店没有的一些家具则可以通过别的买家的评价来判断质量好坏，而且现在的物流也很方便，直接送货到家，省时又省力。

此外，在网购时还有一些事项需要留心，否则钱没省下还平添了很多烦恼。

(1)选择正规网站购物。网购有两种付款方式：一种是货到付款，此种风险最低；另一种是通过付款中介，比如通过支付宝进行交易。对于一些不够正规的网站却不能做到如此约定，购物风险也就比较大。

(2)仔细阅读网站的购物指南。从如何填写订单、索要发票，怎样送货，有什么售后服务、退换货条件、优惠政策等各项内容都要仔细过目。

(3)做到货比百家。看到喜欢的商品不要立刻下订单，多比比多看看。

(4)关注信用评价。顾客的评价留言无论是好的坏的都不要忽视，商品和商家的口碑从这些留言中可以体现出来。

(5)尽可能了解商品信息。为避免买到的实物与自己的理想差距较大，选择商品时一定要看实物拍摄的商品照片以及细节图，然后阅读商品说明，了解商品的详细信息。

(6)商场试穿，回家网购。上网买衣服和鞋子前，最好到商场里试穿后记下货号和尺码再回家上网订购。

(7)购买电器要开发票。网上一些小家电的价格也十分具有诱惑力，但卖家一般都不提供发票。为将来保修方便，可以多付点钱，要求开具发票。

(8)专卡专用。使用信用卡支付货款，最好不要一卡多用，卡内不宜存放太多现金；同时设信用卡交易限额，以防被盗刷。

(9)警惕价格过低的商品。网上价格比实体店低一些很正常，但假如价格低到不可思议了一定要小心，这很可能是圈套。

(10)保存电子交易单据。遇上恶意欺骗的卖家或其他受侵犯的事情可向网站客服投诉，此时商家以电子邮件方式发出的确认书、用户名和密码等电子交易单据就成了凭证。